AF603523

LES

SEAUX DE SPORT

PAR

PIERRE-AMÉDÉE PICHOT
DIRECTEUR DE LA *REVUE BRITANNIQUE*

PARIS
LIBRAIRIE AD. LEGOUPY
LECAPLAIN ET VIDAL, SES NEVEUX ET SUCCESSEURS
5, BOULEVARD DE LA MADELEINE, 5

1903

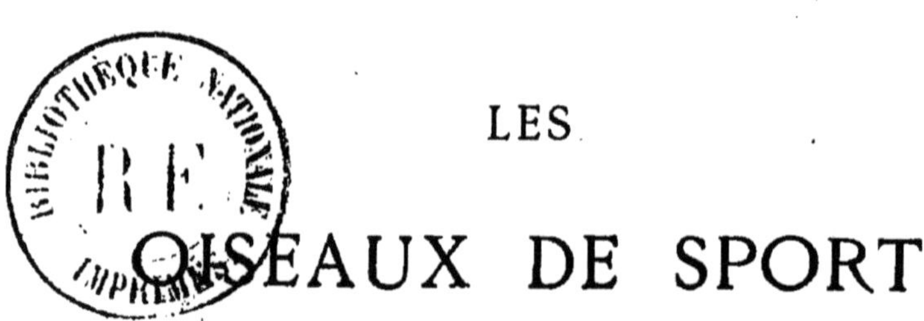

LES

OISEAUX DE SPORT

VERSAILLES
IMPRIMERIES CERF
59, RUE DUPLESSIS

VERSAILLES
IMPRIMERIES CERF
59, RUE DUPLESSIS

LES PIGEONS DE VÉNUS.

D'Arcussia.

LES
OISEAUX DE SPORT

PAR

PIERRE-AMÉDÉE PICHOT

DIRECTEUR DE LA *REVUE BRITANNIQUE*

PARIS

LIBRAIRIE AD. LEGOUPY

LECAPLAIN ET VIDAL, SES NEVEUX ET SUCCESSEURS

5, BOULEVARD DE LA MADELEINE, 5

1903

A

MADAME LE BRET D'EICHTHAL

Madame,

Vous avez bien voulu me demander de refaire, dans votre salon si hospitalier aux choses de la littérature et des arts, ma conférence du Jardin d'Acclimatation sur Les Oiseaux de Sport.

Permettez-moi, Madame, de placer l'impression de cette causerie sous votre bienveillant patronage et veuillez agréer, avec l'expression de ma reconnaissance pour votre si indulgent auditoire, l'hommage de mes sentiments respectueux et dévoués.

PIERRE-AMÉDÉE PICHOT.

Paris, le 1er mai 1903.

LES

OISEAUX DE SPORT

CONFÉRENCE

FAITE POUR LA PREMIÈRE FOIS AU JARDIN D'ACCLIMATATION
LE 30 AVRIL 1896.

Mesdames, Messieurs,

Les progrès incontestables de la science, à notre époque, n'ont pas tellement réduit le champ de l'imagination qu'il ne nous soit encore permis de supposer quelque chose, et je me figure que, lorsque Noë et sa famille furent enfermés dans l'Arche, ils ne tardèrent pas à trouver monotone leur longue

ENTRÉE DANS L'ARCHE D'APRÈS ARCOS.

navigation au milieu des éléments déchaînés. Les voyageurs qui ont fait une traversée prolongée savent comment les passagers s'ingénient au bout de quelques jours à se créer des distractions. Noë et sa famille durent en chercher dans leur entourage.

Or cet entourage se composait naturellement des animaux que Noë fit entrer avec lui dans sa maison flottante, selon qu'il est dit dans l'Écriture :

« Et de tout ce qui a vie, tu en feras entrer deux de chaque espèce pour les conserver avec toi, savoir le mâle et la femelle. » (Genèse, ch. VI, v. 19.)

Tel est, sans doute, le point de départ de la longue intimité entre les hommes et les animaux qui s'est continuée jusqu'à nos jours sous différentes formes. Nous avons emprunté au cheval ses quatre pattes pour nous porter et nous faire franchir rapidement les distances avant l'invention des chemins de fer et des automobiles ; le chien est devenu notre commensal le plus fidèle, figurant même sur nos tables, comme pendant le siège de Paris, et, si les lions, les tigres et les ours ne sont pas positivement entrés dans le cercle de la famille, toujours est-il, que nous en avons fait des descentes de lit.

Combien d'hommes, depuis les commencements du monde, ont trouvé dans la fréquentation des animaux leurs plus chères délices, et une consolation au commerce plein de déboires de leurs semblables ! Le lion d'Androclès et l'araignée de Pélisson ont conquis une place dans l'histoire. Le grand ministre Colbert et le cardinal de Richelieu avaient un certain nombre de chats qui ne les quittaient jamais et avec lesquels ils vivaient dans une intimité parfaite. Hoffmann, le conteur fantastique, ne survécut pas à la mort de son chat Murr. Le chien de Montargis reconnut et étrangla le meurtrier de son maître Aubry de Montdidier ; les remparts de Saint-Malo ont été longtemps confiés à une garde nationale de chiens dont la vigilance est restée célèbre et le roi Henri II portait continuellement suspendu à son cou, comme un éventaire, le panier qui contenait ses petits bichons favoris.

On pourrait s'étonner que des liens aussi étroits aient de tout temps rattaché celui qui s'est si fièrement intitulé le roi de la création à ses plus humbles sujets, si l'on ne pouvait expliquer cette intimité autrement que par les seuls effets d'une cohabitation prolongée. La raison supérieure qui rapproche l'homme des animaux, c'est la VIE qui ne s'allume nulle part sans créer des affinités sentimentales et intellectuelles entre les êtres organisés. De là vient que l'on peut aimer le plus naturellement du monde, un cheval, un chien ou un oiseau et que l'on n'aime pas une bicyclette.

Une observation plus attentive des mœurs des animaux nous a prouvé d'ailleurs, au delà de toute évidence, que les animaux sont beaucoup moins bêtes qu'on ne l'a cru jusqu'à présent et que la vie ne se manifeste pas seulement chez eux par la satisfaction d'appétits matériels, mais encore par le développement de sens artistiques dont l'espèce humaine aurait tort de s'attribuer le monopole.

I

Un explorateur du Brésil, M. Bigg-Wither raconte avoir assisté au fond des forêts vierges à un bal et à un concert donnés par des oiseaux[1]. Les indigènes qui lui servaient de guides vinrent un jour l'inviter à les suivre, pour voir quelque chose d'extraordinaire. Avec mille précautions, les explorateurs se faufilèrent à travers les buissons et finirent par arriver devant un terrain pierreux qui formait une petite clairière. Sur ce point étaient rassemblés, les uns sur les pierres, les autres sur les branches des buissons, un certain nombre de petits oiseaux de la taille d'une mésange avec un joli plumage bleu relevé d'une huppe rouge. Au centre de la réunion, perché sur une brindille, un de ces oiseaux se tenait immobile, chantant à gorge déployée ; tandis que, rangés en cercle autour de lui, ses compagnons l'écoutaient et accompagnaient son chant d'un gazouillement particulier, dans un ton plus bas et comme en sourdine ; puis soudain, battant des pieds et des ailes, comme pour marquer la mesure du thème principal, ils avaient l'air de danser. Lorsque le chanteur avait fini, un autre prenait sa

1. Bigg-Wither : *Pioneering in South Brazil.*

place et tous semblaient s'amuser énormément de ce qui était évidemment un bal et un concert, mais dès qu'ils se virent observés, ces oiseaux prirent l'alarme; la représentation se termina brusquement, et choristes et danseurs s'envolèrent dans différentes directions.

Nous pourrions multiplier ces exemples de chants combinés avec art.

A côté de ces dilettantes, il y a des oiseaux clowns et acteurs qui, vivant habituellement isolés ou par couples, se réunissent sur certains points, à certaines époques, pour assister aux exercices et aux parades de l'un d'entre eux.

Le *rupicole orange* ou *coq de roche* de la Guyane, dont l'éclatant plumage jaune a souvent tenté nos élégantes pour orner leurs chapeaux et dont les chefs indiens se faisaient des parures, est un oiseau de la grosseur d'un pigeon; c'est un bateleur dont les clowns de nos cirques pourraient envier la souplesse et la légèreté. Il choisit pour faire ses exercices un espace nu au milieu de la brousse, où la mousse naturelle peut lui servir de tapis, et il entretient cette arène parfaitement nette de branchages et de cailloux. Autour de cette aire, ces oiseaux s'assemblent et lorsque la réunion est complète et que tous les invités sont arrivés, un mâle à la huppe rouge orange foncé, aux ailes et à la queue noires, s'avance seul dans le cercle où il esquisse une série de pas qui ressemblent fort à ceux d'un menuet. S'animant par degrés, il saute en l'air et tourne sur lui-même en faisant la culbute, jusqu'à ce que la fatigue le force à s'arrêter. Alors il se retire modestement pour reprendre haleine au milieu des spectateurs, et un autre oiseau vient prendre sa place et continuer la représentation.

Il n'est pas besoin de traverser l'Océan Atlantique pour assister à ce singulier spectacle, car le coq de bruyère à queue fourchue donne des représentations analogues dans nos forêts septentrionales. Comme le coq de roche, cet acrobate ailé « travaille », au printemps, dans les clairières et ses représentations sont d'autant plus suivies, que les familles de coqs de bruyère s'y réunissent pour des présentations et des mariages, exactement comme cela se passe dans nos villes, où les salles de spectacles et les musées servent de lieux de rendez-vous. Je me demande si pour les entrevues de famille des coqs de bruyère les futurs fiancés se rencontrent aussi « comme par hasard » !

Un naturaliste dessinateur anglais, M. Millais [1], qui a longtemps parcouru les déserts de l'Afrique du Sud, avant que ces régions sauvages ne fussent livrées aux horreurs de la guerre, a minutieusement étudié les culbutes du même genre qu'exécute l'*outarde du Cap*, et à l'aide de la photographie instantanée, il a pu fixer sur le papier les singulières attitudes prises par cet oiseau au cours de ses danses excentriques. Les déhanchements des ballerines de nos bals publics et les désarticulations de nos acrobates, ne produisent pas des effets plus inattendus.

Les râles de la République Argentine, qu'un autre voyageur, M. Hudson, a observés sur place, sont de grands acteurs [2]. Oiseaux alertes et éveillés, doués de voix puissantes et variées de tons, ils habitent des terrains marécageux encombrés de roseaux, où il est difficile de pénétrer et de suivre leur mimique étrange. Le plus beau de ces oiseaux est l'*ypécaha*, de la grosseur d'une poule. Un certain nombre d'ypécahas choisit, pour se rassembler, une surface lisse de terrain plat au milieu du marécage, entouré d'une épaisse palissade de joncs. L'un d'eux s'avance seul au milieu de cet espace découvert et lance un cri strident répété trois fois. C'est un appel, une invitation à la valse, à laquelle d'autres oiseaux répondent de tous les côtés, et tous se hâtent de gagner la clairière. Au bout de quelques instants une vingtaine d'individus sont réunis, et alors commence un assourdissant concert de cris qui semblent exprimer tantôt une terreur extrême, tantôt un désespoir fou, analogue à ce que pourraient rendre des voix humaines. Un long cri perçant est suivi d'une note plus basse, des sanglots de douleur comprimée succèdent à des gémissements d'angoisse, qui frappent de stupeur le voyageur novice égaré dans ces solitudes et

1. J.-G. Millais : *a breath from the Veldt.*
2. W.-H. Hudson : *the naturalist in La Plata.*

qui ne se douterait jamais que de pareils cris pussent être émis par des oiseaux. Puis à certains moments de ce discordant concert, tous les râles, comme en proie à un accès de folie furieuse, courent dans tous les sens, se croisent ou se poursuivent, les ailes étendues et vibrantes, le bec large ouvert, et après trois ou quatre minutes de ce carrousel agité, qui fait songer aux danses échevelées des derviches et des fakirs de l'Inde ou de l'Afrique, tout retombe dans le silence, et les râles rentrent tranquillement dans les roseaux, chacun de son côté.

DANSE DE L'YPÉCAHA.

Le bizarre *jacana*, autre oiseau des marais de l'Amérique du Sud, si remarquable par la longueur de ses doigts qui lui permet de courir en sécurité sans enfoncer dans l'eau, sur les feuilles de nénuphar et les herbes flottantes, comme les habitants des régions boréales peuvent, grâce aux longs patins de bois appelés *skyj*, franchir les champs de neige accumulée dans les fissures des glaciers, le jacana donne des bals du même genre, et, déployant ses ailes comme des voiles ou des écharpes, il étale avec complaisance les beautés cachées de ses plumes soyeuses et mordorées. L'oiseau va seul ou par couples dans l'ordinaire de la vie, vaquant tranquillement à ses petites affaires, mais, sur un signal donné, ces oiseaux suspendent leur chasse ou leurs occupations et se massant en un groupe compact sur un point qu'ils semblent connaître d'avance, ils exécutent toutes les figures de leur cotillon.

Aux danses chantées de l'ypécaha et du jacana les deux sexes figurent. Une parade plus surprenante est celle du *vanneau à ailes éperonnées* que l'on trouve dans les mêmes régions et qui ressemble au vanneau d'Europe, si ce n'est qu'il est plus gros et plus brillamment coloré. Les Indigènes appellent la parade de ce vanneau sa *danse sérieuse*, entendant par ce terme une

DANSE DU JACANA.

danse rythmée. Et, de fait, aucun maître de ballet d'opéra n'aurait pu mieux régler une figure. Pour la danser il faut trois oiseaux, un cavalier seul et un couple, et comme les vanneaux s'y adonnent avec passion tout le long de l'année, même après la saison des amours, on peut dire que c'est bien là une manifestation du goût de l'art pour l'art, de la passion de la danse pour la danse elle-même. Pendant le jour ou par un beau clair de lune, si l'on se cache soigneusement pour observer ces vanneaux, on ne tarde pas à voir arriver un individu isolé, le mâle du couple voisin, car ils vivent généralement bien appariés et cantonnés sur un terrain dont ils sont excessivement jaloux et dont ils éloignent tous les intrus. Laissant sa femelle à la garde du logis, notre vanneau arrive en volant et est accueilli par des cris d'allégresse et une satisfaction évidente de la part du couple qu'il vient visiter. S'avançant en même temps vers leur hôte, nos vanneaux se placent derrière lui, et tous les trois, marquant le pas, commencent une marche rapide en poussant des notes ronflantes en concordance avec leurs mouvements. Les notes du couple d'arrière jaillissent sans interruption de leur gosier comme un roulement de tambour, tandis que l'oiseau de tête

PARADE DU VANNEAU.

qui conduit la figure émet à des intervalles réguliers des notes isolées sur un diapason élevé. Quand cette espèce de défilé a suffisamment duré, le même oiseau s'arrête et relève ses ailes en continuant à pousser ses notes aiguës. C'est pour les deux autres qui le suivent le signal d'avoir à faire bouffer leurs plumes et à rectifier leur alignement. Dans le temps suivant, ils baissent la tête jusqu'à toucher le sol de leur bec, et ils restent un certain moment dans cette posture tout en mettant une sourdine à leurs chants, de façon à ramener leurs voix progressivement à un simple murmure. La cérémonie est alors terminée, et le visiteur qui était venu danser ce « cavalier seul », retourne à son terrain

CHINOIS PROMENANT UN OISEAU.

propre rejoindre son épouse, pour, à son tour, recevoir plus tard, avec le même cérémonial, la visite de ses voisins.

On peut juger, par ces exemples de la sociabilité des oiseaux dans les simples contingences de leur vie sauvage, combien ils étaient naturellement prédisposés à entrer dans le cycle de civilisation dont l'homme est devenu le centre, et comment ils se sont fait, dans bien des cas que nous allons examiner, les collaborateurs de ses sports et les associés de ses plaisirs.

II

Aussi bien y a-t-il en Chine où toutes choses sont méthodiquement classées et coordonnées avec art comme sur un paravent, une saison de fêtes spécialement consacrées aux oiseaux. Dans ce vaste Empire où l'on célèbre la fête des cerfs-volants et des lanternes, celle des toupies et des fleurs, les oiseaux ne pouvaient pas être moins favorisés ; aussi leur consacre-t-on plusieurs anniversaires. L'un est *la promenade des oiseaux*. A cette époque tout le monde se promène dans les rues avec quelque volatile à la main que l'on porte perché sur une petite potence garnie d'étoffe de lin ou de coton pour que l'oiseau ne se blesse pas les pattes ; il y est retenu par un fil passé autour du cou, mais il est si bien apprivoisé d'ailleurs, qu'il ne cherche point à fuir et occupe son poste avec l'immobilité d'un oiseau empaillé. Les Chinois promènent ces petites potences de place en place à travers les rues, les tenant gravement comme on tient un cierge ; ils s'arrêtent dans les carrefours pour se congratuler, pour se montrer leurs captifs et paraissent aussi heureux de leurs petites potences que nous le sommes au printemps de mettre des fleurs à nos boutonnières.

Plusieurs espèces d'oiseaux sont particulièrement affectées à ces promenades et chacune a sans doute sa signification particulière, comme les fleurs ont leur langage, car nous notons parmi ces comparses qui sont des emblèmes, l'oiseau-tigre qui est une pie-grièche (*U-po-la, Lanius lucionensis*) ; l'oiseau de joie qui est une grande pie bleue à pattes rouges (*Hsi'ch'uen Urocissa sinensis*) et l'oiseau-amour qui est une mésange (*Hsiang-sse-niao, Suthora Webbiana*). Ainsi d'une manière indirecte, mais par allusions transparentes, les promeneurs chinois échangent sur les ailes de leurs captifs leurs témoignages d'affection et leurs souhaits de prospérité. N'est-ce pas plus délicat et plus raffiné que le simple coup de chapeau dont nous nous saluons au passage ?

Cet usage de porter des oiseaux sur un perchoir à main pour s'en faire des compagnons ou des jouets, ne semble pas avoir été particulier à l'Extrême-Orient quoiqu'il n'ait jamais été chez nous l'objet d'une fête. Rubens nous a laissé un grand portrait en pied des enfants de sa première femme, Isabelle Brandt, où nous voyons Albert et Nicolas jouant avec un chardonneret qui est attaché sur une petite potence exactement comme les oiseaux chinois [1], et nous possédons un portrait du XVIIIe siècle représentant un jeune seigneur en habit gris perle et manchettes de dentelle, qui tient aussi sur un porte oiseau à main un pinson retenu à ce perchoir orné de grelots, par un nœud de ruban rose.

Rappelons, en passant, que d'autres oiseaux encore ont été promenés glorieusement au bout de bâtons autour du monde ! Ce sont là jeux de Princes, mais l'Aigle et le Coq gaulois valaient bien les fers de lance au bout desquels on a

Tête de Foulon d'après nature, par Girodet (Biblioth. Nationale)

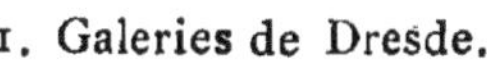

1. Galeries de Dresde.

JEUNE HOMME DU XVIIIe SIÈCLE AVEC PORTE-OISEAU.

promené tant de têtes. Aussi est-ce en songeant peut-être aux épisodes de son épopée héroïque que l'Aigle de l'Equipage de Vadancourt que nous avons sous les yeux, regarde d'une façon si mélancolique le chapeau mou de notre époque !

On gagne toujours quelque chose à de bonnes fréquentations. Les oiseaux y ont acquis de petits talents de société dont nous ne savons pas, par exemple, s'ils sont particulièrement fiers, car c'est le résultat d'un dressage qui a pu leur être pénible.

L'AIGLE ET LE PETIT CHAPEAU.

Nous avons vu dans notre enfance, dans les salons de Paris, la troupe d'oiseaux savants de Mademoiselle Van der Mersch et déjà, en 1817, dans un petit livre assez rare à rencontrer aujourd'hui, Dugourc, dessinateur de la chambre du Roy, n'a pas cru au-dessous de sa dignité d'architecte de sa Majesté Catholique Charles IV, de représenter les exercices des serins hollandais. On voit dans les planches curieuses des « *Spectacles Instructifs* » des serins faisant des tours et des sauts périlleux ; un tribunal de serins coiffés d'un bonnet carré, jugeant un des leurs habillé en militaire et figurant un déserteur et lorsque le malheureux est condamné, c'est encore un serin qui tire le canon en qualité d'exécuteur des hautes œuvres de ce conseil de guerre d'oiseaux dressés.

Au Japon, les dresseurs d'oiseaux ne sont pas moins habiles et nous avons entre les mains le programme illustré d'un théâtre d'oiseaux savants où nous en voyons qui font de la musique sur des instruments minuscules, d'autres jonglent avec des sabres ou font de l'équitation sur un cheval de bois, d'autres encore traversent la scène sur une corde raide en tenant une ombrelle dans leur bec, construisent des pyramides avec des

EXERCICES DE SERINS SAVANTS.

blocs de bois comme des enfants, ou jouent aux cartes comme de grandes personnes.

Les Chinois ont encore appris à certains des oiseaux que nous leur voyions promener tout à l'heure, à jongler avec des boules de terre glaise qu'ils lancent en l'air à une très grande hauteur et que l'oiseau, détaché de son petit perchoir, sait habilement rattraper au vol, au moment où la boule ayant fini sa course ascensionnelle, va retomber à terre. Quelques-uns de ces

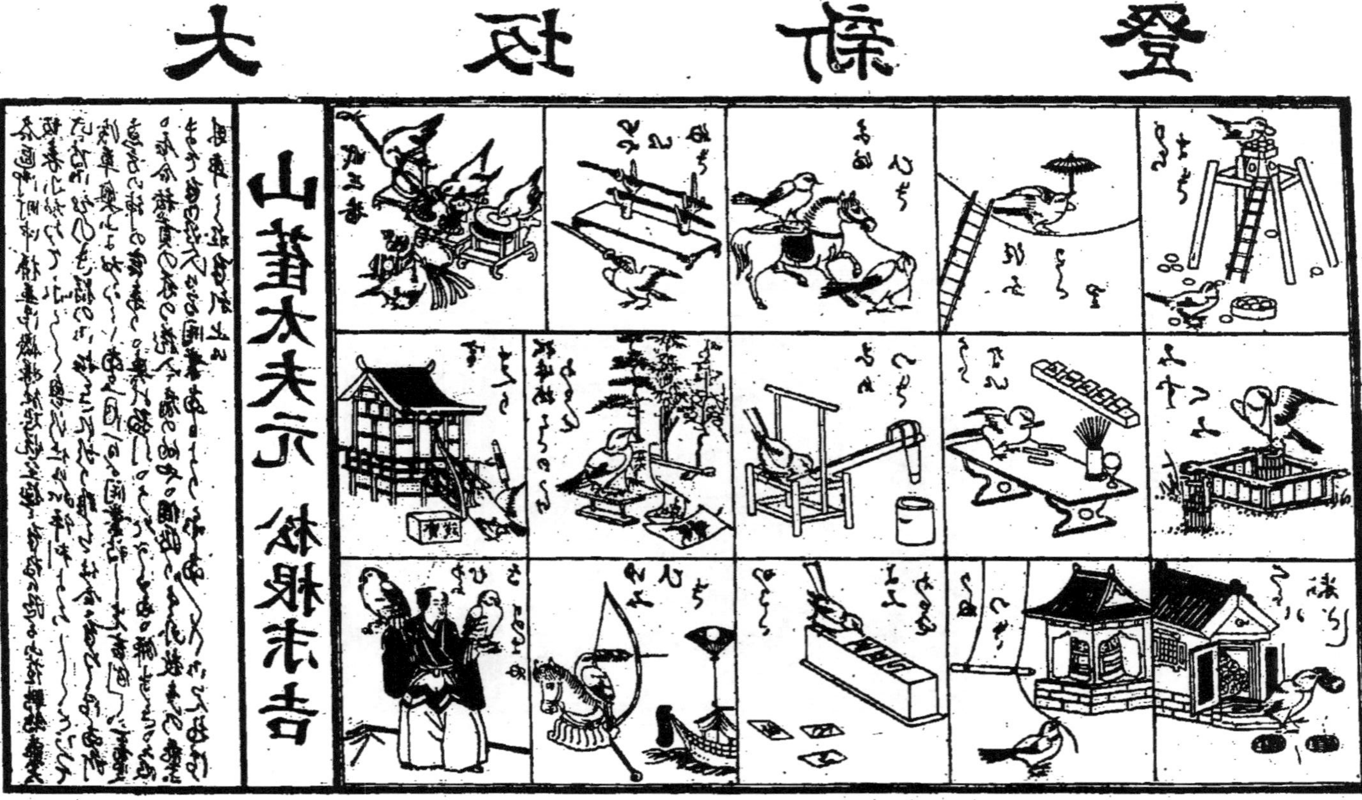

PROGRAMME D'UN THÉATRE D'OISEAUX SAVANTS AU JAPON.

oiseaux, généralement le gros bec du Japon et de la Mandchourie (*Eophona personata*) deviennent si habiles dans ce genre d'exercice que non contents de rapporter une seule boule, ils en

TARIN DRESSÉ DE M. BARRACHIN.

rapportent une seconde lancée en même temps que la première. Mais comme la boule est un corps rigide, soit en terre glaise, soit en ivoire et que le bec de l'oiseau n'est pas élastique, il faut que la première boule lancée soit plus petite que la seconde, afin de pouvoir se caser au fond du bec, tandis que la seconde est ensuite saisie par l'extrémité des mandibules, autrement l'oiseau en ouvrant le bec pour la happer au passage, serait forcé,comme le corbeau de la fable, de laisser tomber sa première proie.

Chez nous le *tarin* est souvent dressé à se servir lui-même à boire et à manger. Enchaîné par le cou au moyen d'une chaîne légère mais trop courte pour lui permettre d'atteindre à son garde-manger, cet oiseau intelligent apprend facilement à faire monter jusqu'à son perchoir en se servant de son bec et de ses pattes, le petit seau qui repose au fond du bac où il doit aller puiser l'eau pour se désaltérer et il tire de même à lui le petit chariot rempli de graines qui composent sa nourriture. Les passants dans la rue Saint-Florentin, s'arrêtaient souvent naguère devant une fenêtre où l'on voyait le tarin d'un de mes amis, faire fonctionner, insensible aux bruits de la rue, ses petits appareils culinaires.

III

Les oiseaux de proie occupent une place importante parmi les auxiliaires ailés dont l'homme a su utiliser les instincts et exploiter les aptitudes. Ils ont fourni des oiseaux de sport par excellence et la fauconnerie a été longtemps chez nous un art national au même titre que la vénerie. Ce n'est, en fait, autre chose qu'une chasse à courre qui se pratique dans l'air au lieu de s'exercer sur terre et où les nuages remplacent la forêt. L'oiseau devenu par l'apprivoisement et le dressage, le collaborateur du chasseur, n'est pas guidé comme le chien par l'odorat pour trouver sa proie et la suivre ensuite ; il ne peut compter que sur sa vue pour la découvrir et sur sa vitesse pour l'atteindre. Comme le chien courant il ne rapporte pas sa capture à son maître et il faut aller la lui prendre à l'endroit où il l'a abattue. Si le chasseur est en retard, il verra que, comme le chien courant, le faucon ne l'a pas attendu pour se mettre à table.

Le faucon ne chasse pas en effet pour le plaisir de son patron; il chasse, parce qu'il a faim et il chasse pour manger et c'est parce que l'idée de nourriture s'est intimement confondue dans son esprit avec la personnalité de son maître, qu'il devient véritablement son associé. Une lithographie populaire de Charlet représente deux gamins se rendant à l'école; l'un a les mains vides, mais l'autre a son petit panier bourré de friandises. « Donne-moi de quoiqu't'as, dit le premier au second, je te donnerai de quoiqu'j'aurai. » Voilà tout le secret du dressage des animaux et peut-être aussi, pour une bonne part, celui du dressage des hommes !

La Révolution qui a interrompu le cours de tant de choses, a fait tomber la fauconnerie en désuétude et a hâté son déclin déjà provoqué par le perfectionnement des armes à feu, les modifications apportées à la culture et le goût pour les plaisirs faciles. Cependant une petite pléiade d'amateurs enthousiastes a conservé les vieilles traditions d'un art véritablement exquis, car est-il rien de plus passionnant que de faire du libre habitant des airs un auxiliaire fidèle et soumis, dont on peut aussi facilement tirer parti que d'un cheval, d'un chien ou de tout autre animal domestique? J'ajouterai, qu'à une époque où la pratique de la chasse est devenue tellement onéreuse et entraîne à tant de dépenses; alors que le gibier naturel est si rare sur bien des points, les chasseurs que n'hypnotisent pas les tableaux des grands tirés et qui ne recherchent dans les plaisirs du sport que les satisfactions d'une difficulté vaincue et les excitations d'une lutte généreuse, trouveront dans la fauconnerie les plus douces jouissances et l'aliment le plus noble à leur activité.

Pour faire de la fauconnerie, il faut commencer comme pour le civet de lièvre, par se procurer un faucon. On prend ces oiseaux dans leurs nids, ou on les piège adultes dans des lacs et filets de différentes espèces. Certains faucons, comme le faucon pèlerin, nichent dans des anfractuosités de rochers, dans des falaises abruptes, où il est très difficile de les atteindre. Cependant de hardis dénicheurs se font descendre au moyen d'une corde le long des brèches escarpées qui surplombent la mer dans certaines îles d'Écosse, et, chez nous, le Dr Arbel a habile-

LE VOL DU HÉRON D'APRÈS WEYERMANN.

ment utilisé pour explorer les falaises de Dieppe l'appareil de sauvetage employé par les sapeurs-pompiers de Paris et connu sous le nom de *descenseur à bobine*.

D'autres espèces de faucons, surtout les espèces à ailes courtes, construisent leurs aires dans les arbres au milieu des

FAUCON CHAPERONNÉ.

hautes futaies et là encore il faut des grimpeurs habiles pour les atteindre.

Quand vous vous êtes procuré un faucon, le dressage consiste à l'habituer à venir manger sur votre poing qu'il faut ganter fortement pour se préserver des atteintes de la serre cruelle. Bien entendu on tient d'abord l'oiseau par une filière et ce n'est que progressivement qu'on lui allonge la corde et qu'on lui apprend à voler en liberté. Il faut surtout beaucoup porter l'oiseau sur la main, pour le familiariser avec la présence de l'homme et les fauconniers, surtout au commencement du dressage, vaquent à leurs affaires le faucon sur le poing. Les anciens appelaient l'autour *cuisinier* beaucoup plus sans doute, parce qu'on le tenait à la cuisine où il voyait beaucoup de monde, que parce qu'il était le pourvoyeur attitré du garde-manger.

Parmi les accessoires les plus caractéristiques de la chasse au faucon, nous devons signaler le petit bonnet ou *chaperon* dont on recouvre la tête de l'oiseau de vol. Ce n'est pas un simple ornement quoique les plumes dont il est surmonté, les broderies dont on l'orne, en fassent un coquet appareil; c'est un moyen d'action efficace pour combattre le caractère ombrageux et altier de l'oiseau de proie que la moindre chose effarouche, même après qu'il a été dressé; grâce au chaperon, on le soustrait aux spectacles irritants pendant qu'on le transporte à la chasse ou d'un point à un autre et on entretient autour de son élève cette atmosphère de calme à laquelle il est habitué dans les régions inaccessibles et solitaires qu'il fréquente dans la vie sauvage.

Les traditions de la fauconnerie s'étaient toujours conservées intactes en Angleterre. C'est de ce pays que quelques amateurs firent venir en France en 1865 un célèbre fauconnier écossais John Barr dont les leçons formèrent de nombreux adeptes. L'équipage de fauconnerie de Champagne organisé dans les plaines de Châlons par le comte Werlé, n'eut qu'une existence de quelques années, ayant été obligé de mettre bas au moment de la guerre franco-allemande, mais si nous n'avons pas en France à cette heure, ce qu'on pourrait appeler un véritable équipage de vol, cependant un assez grand nombre d'amateurs continuent à entretenir des oiseaux. Au premier rang M. Barrachin a fait de son parc de Beauchamp une fauconnerie modèle, où nous avons vu figurer presque toutes les espèces d'oiseaux de vol depuis le gerfaut jusqu'à l'émerillon et notamment des Aigles Bonelli dressés à poursuivre le lapin comme de simples autours. A Vadancourt, M. le Dr Arbel s'est surtout attaché à la haute volerie et tout récemment il est allé dans les Indes étudier sur place la fauconnerie des rajahs. MM. Gervais, Cer-

FAUCONNIERS ET PÊCHEURS AU CORMORAN
EN FRANCE AU XVIIIe SIÈCLE.

fon, Belvallette, Sourbets, ont eu, et ont encore, pour la plupart, des oiseaux qui ne le céderaient en rien aux faucons les mieux dressés de l'époque classique de la chasse au vol, et si l'Aigle du Turkestan de M. Gervais se contentait de prendre des chats et des renards dans les plaines de Meaux, c'est qu'il n'est pas aussi fréquent d'y rencontrer des ânes sauvages que dans les steppes kirghises [1].

IV

Ce que le faucon est pour le gibier de poil et de plume, le *Cormoran* l'est pour le poisson. Ce palmipède marin s'apprivoise très facilement; il a le cœur très près de l'estomac et par l'un on arrive à l'autre. Lorsque je me suis occupé de fauconnerie, j'ai été tout naturellement amené à pratiquer la pêche au cormoran. C'est un sport ravissant et d'autant plus facile, que le cormoran devient rapidement familier et si vous lui donnez à manger à la main, vous aurez de la peine à l'empêcher de vous suivre partout, de monter après vous dans les escaliers, de se percher sur vos meubles et de laisser des traces incontestables de sa rapide et abondante digestion dans toutes les pièces. John Barr, le fauconnier dont je parlais plus haut, m'apprit l'usage de cet oiseau, et mon ami le comte Le Couteulx de Canteleu ne tarda pas à en posséder toute une troupe à son château de Saint-Martin, où un étang et les rivières à truites du voisinage étaient particulièrement favorables à ce genre de pêche si nouveau pour nous. Le valet de chiens « La Jeunesse » devint rapidement un pêcheur au cormoran expert, pouvant en remontrer à des Chinois.

Car c'est d'Extrême-Orient que nous est venue la pêche au cormoran. Elle paraît avoir été introduite en Europe par les Hollandais au commencement du XVIe siècle; il y avait un équi-

1. Voir pour plus de détails : P.-A. Pichot : *Conférence sur la fauconnerie ancienne et moderne*, Paris, Cerf, 1890, et : *la Chasse moderne*, Paris, Larousse, 1900.

page de cormorans à la fauconnerie royale d'Angleterre sous Charles Ier et en France sous le règne de Henri IV, Héroard le médecin de Louis XIII enfant, raconte les pêches au cormoran qui avaient lieu sur le grand canal de Fontainebleau. On se rendait à ces pêches en assez grand appareil et *le Mercure* d'octobre 1713, dit « que le roi lui-même menait sa calèche qui marchait à côté de celle de la duchesse de Berri. La voiture était toute dorée, de même que les harnais des chevaux. » Le duc d'Orléans, le comte de Charollais, la princesse de Conti et de nombreux seigneurs dans plus de cent carrosses à six et à huit chevaux complétaient le cortège. Il fallait que les cormorans ne fussent guère timides pour opérer devant une si nombreuse et si éblouissante assistance, analogue à celle que Martinet a représentée en 1767 dans le frontispice de l'*Ornithologie de Salerne.*

Du reste, au Japon, les pêches au cormoran, pour être d'un usage courant dans les usages ordinaires de la vie n'en sont pas moins le prétexte de nombreuses et bruyantes parties de plaisir. L'amiral Layrle nous a décrit ainsi une de ces fêtes sur le lac de Gifu, dans le Nagara Kawa :

« Vous arrivez à l'hôtel de Gifu, et pendant votre dîner, l'hôtelier sur un simple mot, a fait préparer la barque nécessaire. Aussitôt le repas terminé, la *djinrika*, brouette japonaise qui sert de mode de locomotion d'un bout à l'autre de l'Empire, vous guette à la sortie, et dans un quart d'heure, vous conduit sous un grand pont au bord d'une rivière bien claire, peu profonde, mais rapide, qui coule d'un côté, le long d'un village, et de l'autre, au pied d'une grande montagne conique boisée, un de ces paysages ravissants de fraîcheur comme on en trouve des milliers au Japon.

« Les barques des visiteurs sont déjà alignées le long de la berge ; ce sont de coquets bateaux recouverts d'un toit, tapissés à l'intérieur d'une fine natte sur laquelle prennent place les curieux. Il y a des bourgeois paisibles qui ont amené leurs enfants, des philosophes ou des poètes qui viennent rêver, des étrangers que l'inconnu attire, des désœuvrés, des viveurs. Beaucoup de dames. Tout Japonais qui s'amuse fait venir quelques danseuses ou joueuses de guitare, pour lui tenir compagnie. L'hôtelier auquel on commande le bateau, y introduit sans ordre spécial domestiques et rafraîchissements, mais demande, naturellement, combien il faut de *gueshas* (danseuses).

« Peu à peu la nuit se fait, car on a choisi de préférence une nuit sans lune comme étant plus favorable à la pêche ; les barques s'illuminent de lanternes de couleur ; un à un viennent s'échouer les pêcheurs à côté de vous, et à la lueur d'un grand feu de bivouac allumé à terre, dans chaque bateau de pêche, deux hommes procèdent à la toilette des oiseaux. Il y en a vingt-quatre par bateau dans un grand coffre. Un des hommes extrait le cormoran par le

PÊCHE AU CORMORAN DANS LE LAC DE GIFU (JAPON).

cou et pendant qu'il le tient ainsi suspendu, il le caresse ou plutôt le chatouille, de façon que sans aucune résistance ou mouvement, l'oiseau se laisse attacher à la patte la corde qui le tenant sous le ventre vient se terminer à son cou par un anneau destiné à arrêter le passage du poisson de la gorge à l'estomac. L'opération totale dure une vingtaine de minutes. Pendant ce temps, sur une potence mobile à l'avant de chaque bateau, s'allume un brasier de bois et de paille qui jette sur la rivière des lueurs intenses mais inégales. Les hommes sont à leurs postes, les cormorans à l'eau nageant de-ci de-là, agités, nerveux, au milieu des flammèches qui tombent du brasier. Quatre pêcheurs seulement par bateau. Celui de l'arrière, godille et gouverne; par le travers ; le second armé d'un aviron pousse sur le fond, sur les barques ou sur les roches de façon à assurer la direction convenable. Aux deux extrémités, debout, bien en vue, — celui de l'avant presque dans la flamme, — les deux maîtres pêcheurs chacun dirigeant ses douze cormorans, tenant la corde mère qui aboutit aux douze cordelets fixés aux oiseaux.

« Nous voilà partis. Deux coups d'aviron seulement et la flottille des pêcheurs est emportée dans le courant, suivant ou précédant les bateaux des visiteurs étincelants de lanternes. Les barques se touchent. D'un côté, le bruit des guitares, les chants des gueshas; de l'autre, une sorte de murmure mélodieux qui excite les cormorans ou les rappelle au devoir. Ceux-ci, cependant, sont tous de vieux limiers connaissant leur affaire. Le conducteur les suit de l'œil et débrouille admirablement ses cordes de facon à les tenir claires en dépit des évolutions multiples des oiseaux. On dirait une meute aquatique, mais docile et dressée. Les oiseaux sont faits au bruit, à la flamme; ils nagent, plongent, raparaissent la tête haute, l'œil brillant et chaque fois avec un poisson en travers du bec qu'ils se hâtent de faire disparaître pour plonger de nouveau, en reprendre un autre ou peut-être pour jouir plus longtemps d'une capture qu'ils savent n'être que provisoire. Le maître est là, en effet, qui ne les perd pas de vue, se rend compte de la grosseur inusitée que prend le cou de l'animal et, sans se départir un instant de sa surveillance, il tire vivement à lui celui qu'il croit le plus riche en butin, le prend par le cou, lui baisse la tête et par une simple tape lui fait dégorger instantanément sa part de prise au fond du bateau. Cinq secondes à peine et le cormoran est rejeté sans égard à l'eau, furieux, humilié, plongeant aussitôt pour se venger sur quelque nouveau poisson de la déception dont il vient d'être victime. Vite un nouvel oiseau est tiré à bord et la pêche continue, les bateaux toujours emportés par le courant au milieu des cormorans agités, fiévreux, qui plongent à la lueur fantastique des lanternes et des brasiers, pendant que les guitares font entendre leur musique; que les pêcheurs susurrent leurs cris d'encouragement, sans qu'il y ait d'arrêt, d'obstacle, d'incident. C'est un agencement parfait de la part des oiseaux, des pêcheurs et des bateliers.

« Puis brusquement, en face d'une île ou d'une maison, les barques des visiteurs s'arrêtent toutes à la fois, virent de bord et pendant que les brasiers disparaissent dans le lointain, les coquettes embarcations qui laissent encore échapper leurs chants de plaisir, remontent lentement vers leur point de départ, le grand pont dont on aperçoit bientôt les lumières. Le spectacle a duré trois quarts d'heure, un rêve de quarante-cinq minutes dont on se réveille avec peine. Et le lendemain matin, quand vous quittez l'hôtel de Gifu et que le propriétaire, après une dernière génuflexion et le compliment d'adieu, vous tend le petit cadeau traditionnel, au lieu du tunnel et du train de chemin de fer que l'aubergiste de Nagoya a fait peindre sur l'éventail de rigueur, vous trouvez sur le souvenir symbolique de Gifu, le pêcheur de cormoran debout, tenant en laisse onze oiseaux qui nagent et faisant rendre gorge au douzième, des *haï* ou petites truites que le gourmand s'était appropriées. Quant au pois-

LANTERNE DE GIFU.

son lui-même, si vous croyez ne pas l'avoir suffisamment dégusté sur la table de l'hôtel, vous n'étonnerez pas les Japonais en demandant à emporter votre part de pêche sous la forme de quelque bourriche. Enfin. si vous voulez un souvenir plus durable, entrez chez le grand fabricant de lanternes Teshigawara Naojiro qui vous tendra, malheureusement comme un homme au courant des choses modernes, un véritable prospectus rédigé en anglais dans lequel sont relatés les inventions et les perfectionnements dont il se déclare l'auteur avec aussi peu de modestie qu'un Mangin européen. Ne vous arrêtez pas à ce boniment, et tout en rejetant cette attache trop civilisée, achetez-lui pour votre antichambre quelques-unes de ces charmantes lanternes, véritables œuvres d'art à double enveloppe de papier, sur lesquelles des peintures très finement détaillées, vous rappelleront chaque soir la pêche des cormorans de Gifu [1]. »

On voit par ce récit que la pêche au cormoran est encore aujourd'hui dans l'Extrême-Orient, comme elle l'était jadis à la cour de France au XVIIe siècle, l'occasion de réunions nombreuses et de fêtes brillantes. Nous ne croyons pas pourtant que l'oiseau pêcheur ait jamais été plus acclamé qu'à certaine représentation du cirque particulier de M. Molier, à Paris, en avril 1900, lorsque le comte de Najac présenta à cette originale Société de sportsmen-amateurs, son cormoran qui répond, dans l'intimité, au nom de « POLE NORD » à cause de sa provenance ou de « CARÊME » en raison de ses menus. Cet ichtyophage était dressé à aller dévaliser le panier d'une jolie figurante dans un rôle de cuisinière revenant du marché, pendant que son maître, revêtu d'un superbe costume de mandarin authentique, faisait aux spectateurs émerveillés, une spirituelle conférence sur l'art de dresser le cormoran à la pêche.

Ce sport piscatorial se pratique en général, d'une façon plus simple et c'est dans un clair ruisseau à truites qu'il faut voir les oiseaux du capitaine Salvin, en Angleterre, du comte Le Couteulx de Canteleu ou de M. Belvallette en France, quêter en liberté leur proie glissante sous les berges, et une fois lancée, la poursuivre entre deux eaux à travers mille méandres, avec la rapidité d'une flèche et si prompts et si habiles dans leurs retours et leurs crochets, que nous avons vu des truites ahuries, perdre la tête, renoncer à fuir et s'arrêtant dans l'eau, comme des animaux forcés, se laisser saisir sans résistance. Aussi les pêcheurs japonais dont parle l'amiral Layrle, doivent-ils avoir quelque peine, ce nous semble, à empêcher les cordes, par lesquelles ils tiennent leur douze auxiliaires réunis, à s'emmêler d'une façon inextricable, à moins que dans le cas des pêches décrites par l'amiral, le poisson, comme cela est probable, ne se trouve en masses si profondes et si épaisses dans les eaux japonaises que le rôle du cormoran se réduise à remonter le poisson dans le

1. *Revue Britannique*, mai 1891.

LE COMTE R. DE NAJAC ET SON CORMORAN « POLE NORD ».

bateau comme un seau qu'on descendrait dans un puits. Mais le vrai sport consiste à faire travailler le cormoran en liberté, sans autre moyen de constriction que le bracelet en cuir qu'on lui boucle autour du cou, pour l'empêcher d'avaler le poisson qu'il a saisi et qu'il est ainsi forcé de rapporter à son maître.

Le cormoran appartient à une division de l'ordre des palmipèdes dont le *Pélican* est le plus remarquable représentant. Oiseaux pêcheurs tous deux, leurs moyens ne sont pas les mêmes, et tandis que le cormoran emmagasine sa proie directement dans son œsophage, c'est dans une poche qu'il a sous le bec, que le pélican fait sa provision. Par une confusion regrettable, on avait raconté au prince Napoléon, que je pêchais avec des *pélicans*. Un jour que le prince se promenait avec le roi d'Italie dans la ménagerie de Monza, il dit à son beau-père qu'il connaissait quelqu'un qui pêchait avec des pélicans; le roi, très enthousiaste sportsman, fit aussitôt appeler son faisandier et lui enjoignit de dresser incontinent les pélicans de la collection. Le malheureux, respectueux de la volonté royale, se mit à l'œuvre, mais il avait beau porter toute la journée ses immenses pélicans sur un bras, et changer de bras quand il était fatigué, il n'arrivait à rien. A son retour en France le prince Napoléon ne laissa pas échapper une si belle occasion d'exercer au dépens de mes pêches la verve ironique de son esprit mordant; je dus lui expliquer le malentendu et il fut le premier à en rire, mais il est probable que le faisandier du roi d'Italie dût moins apprécier cette confusion.

V

Nous évoquions plus haut l'apparition du coq gaulois sur son glorieux perchoir. Nous l'en ferons maintenant descendre pour étudier son rôle comme oiseau de sport et nous verrons qu'il figure au premier rang, grâce à son caractère audacieux, à son endurance et à son courage, qui ont longtemps alimenté le goût des hommes pour les émotions violentes et flatté leur passion pour les chances incertaines du jeu.

Le 12 avril 1782, le comte de Grasse, lieutenant général des armées navales de Louis XIV, étant chargé de conduire un corps de troupes françaises à Saint-Domingue, rencontra la flotte anglaise, commandée par l'amiral George Rodney, et lui livra bataille. Après trois jours de manœuvres et d'engagements, la flotte française fut écrasée par le nombre. Le comte de Grasse, sur la *Ville-de-Paris*, avait eu pour adversaire dans cette lutte le *Sandwich*, monté par l'amiral anglais. A bord de ce vaisseau se trouvait un coq qui, nullement effrayé par le bruit de la canonnade, mais bousculé par les manœuvres, alla se percher sur la poupe du vaisseau anglais, où il resta pendant toute l'affaire, battant des ailes et lançant son chant de défi à chaque bordée que le *Sandwich* tirait sur la *Ville-de-Paris*. Après la bataille, l'amiral Rodney fit rechercher cet oiseau et donna des ordres pour que l'on assurât le restant de ses jours. Quelques années auparavant, ce même amiral se trouvait l'hôte de la France, où il était venu réparer le désordre de ses finances et, comme il se plaignait un jour de ne pouvoir servir sa patrie, retenu sur le continent par ses dettes, le maréchal duc de Biron les lui avait généreusement fait payer, en disant que les Français n'ont jamais redouté un ennemi de plus.

Longtemps avant l'amiral Rodney, les anciens avaient été frappés par l'indomptable courage et l'énergie des coqs et les avaient proposés en exemple à leur jeunesse.

Un jour que Thémistocle marchait contre les Perses à la tête de son armée, il vit deux coqs se battre dans un champ qui côtoyait la route. Arrêtant ses hommes et montrant à ses soldats ces deux combattants acharnés l'un contre l'autre : « Voyez, leur dit-il, ces oiseaux. Ce n'est pas pour leurs Dieux qu'ils se battent, ni pour protéger les tombeaux de leurs ancêtres ; ils ne se battent pas davantage pour la gloire, ni pour la liberté ! Ils ne se battent que parce que aucun des deux ne veut céder à l'autre. » Le général athénien passait sous silence qu'il y avait, peut-être bien, une poule qui, dans un coin du champ, guettait l'issue de la lutte. Toujours est-il que cet exemple enflamma tellement le courage des Athéniens, qu'ils se battirent, eux aussi, à la prochaine rencontre avec tant d'achar-

LES PÉLICANS DE LA MÉNAGERIE DE VERSAILLES.

nement, qu'ils remportèrent la victoire et, par la suite, une loi spéciale institua des combats de coqs auxquels les Athéniens assistèrent religieusement chaque année. Ces combats de coqs étaient une véritable leçon de choses qui en valait bien une autre et ils furent donnés en exemple à la jeunesse pendant toute l'antiquité. Notre grand peintre Gérôme, dont le savant pinceau a si merveilleusement reconstitué plusieurs des scènes de la vie antique, a représenté un jeune Romain et une jeune Romaine faisant battre des coqs avant d'aller sans doute les sacrifier sur l'autel d'Esculape auquel le coq était consacré comme l'emblème du réveil et de la vigueur, et Socrate au moment de mourir recommandait à son élève Criton d'immoler un coq à Esculape comme un hommage rendu à l'immortalité.

Shakspeare fait de la supériorité des coqs de combat d'Octave sur ceux de son rival Antoine, un des griefs de la jalousie de l'époux de la belle Cléopâtre contre le vainqueur d'Actium : « A chances égales, dit-il, ses coqs triomphent des miens et ses cailles battent les miennes lorsque nous les engageons dans l'arène les unes contre les autres. » Le dramaturge anglais prête à ses héros dans ce passage un langage qui devait plutôt être celui des sportsmen de la Grande-Bretagne du XVIIe siècle ; mais il reste dans les traditions de l'Antiquité, lorsqu'il fait allusion aux combats de cailles dont la pugnacité a été exploitée dans l'empire romain, comme à notre époque elle l'est encore en Chine, au Japon et dans l'Inde, pour amuser les indigènes et favoriser leur passion pour le jeu. Un des plus jolis tableaux de Rochegrosse nous semblerait parfaitement exact, si dans son « combat de cailles », il n'avait orné ses combattants de petits bonnets surmontés d'une aigrette comme les chaperons des faucons. On n'a jamais dû se servir de ces engins pour les cailles. Mais la fantaisie des artistes n'a pas toujours respecté la vérité et l'on est surpris de voir que, même à l'époque où florissait la fauconnerie, certains peintres, comme Weyermann, n'ont pas rougi de représenter des faucons volant avec leurs chaperons sur la tête alors qu'on leur ôtait toujours, avant de les mettre sur l'aile, ces coiffures qui naturellement leur couvraient les yeux.

C'est en Angleterre que les combats de coqs ont été le plus en honneur et qu'ils ont atteint leur plus grande perfection par suite d'une réglementation minutieuse qu'imposait l'importance des sommes engagées parfois sur leur issue. Les races de combat ont été élevées et améliorées avec autant de soins que celles des chevaux de course, des bull-dogs et des levriers afin de développer à l'extrême le courage et la ténacité des champions et d'égaliser leurs chances dans les combats; dans ce but aussi, on leur faisait subir une toilette spéciale afin de donner le moins de prise possible à l'adversaire; on leur taillait les plumes de la queue, des ailes et du cou sur un patron d'ordonnance et on leur coupait la crête pour les empêcher de se saisir par cette annexe, comme on voudrait bien le faire pour la question d'Orient.

Les oiseaux étant ainsi parés, on les engageait les uns contre les autres par couples, appariant autant que possible les coqs de même poids et, pour rendre le combat plus meurtrier, on leur armait les tarses d'éperons aigus en acier et en argent. Les joutes étaient simples ou à plusieurs manches et, dans certains tournois, les vainqueurs de chaque couple avaient à se mesurer les uns contre les autres, avant de triompher. Dans certains paris, comme le *Welch-Main*, où trente-deux coqs étaient engagés, il fallait toute une semaine de luttes pour arriver, par élimination, à proclamer le vainqueur. Les chances de chaque oiseau et les péripéties de la bataille étaient l'objet, entre les vainqueurs, de calculs de probabilités d'une complication excessive à dérouter tous les chercheurs de martingale de Spa ou de Monte-Carlo.

Les combats avaient lieu dans des arènes circulaires spécialement aménagées avec des gradins tout autour. On les appelait des *cock-pits*. Le sol de l'arène était recouvert par une natte, et après que les oiseaux avaient été examinés par les juges et pesés pour éviter toute fraude, les arbitres ou « maîtres du match » prenaient place de chaque côté de l'arène, et les entraîneurs ou assesseurs, qu'on nommait les *setters-to*, mettaient leurs clients emplumés l'un en face de l'autre et le « allez messieurs » solennel était prononcé. Le combat, qu'on désignait « la bataille », durait parfois sans interruption jusqu'à la mort d'un

PORTRAIT D'UN FAMEUX COQ DE COMBAT EN TENUE D'ARÈNE,
PAR MARSHALL.

des deux adversaires; mais parfois, après un premier assaut, les coqs se retiraient chacun dans un coin de l'arène, se regardant en dessous et guettant une occasion de recroiser le bec à leur avantage. Cette interruption du corps à corps ne devait pas se prolonger plus longtemps qu'il ne fallait pour compter jusqu'à quarante, et un commissaire spécial ou chronométreur, le *teller of the law*, était chargé de ce soin. Après quoi les entraîneurs ou *setters-to*, qui ne devaient pas autrement toucher à leurs oiseaux ni les aider, sauf pour les dégager quand par hasard leurs éperons se prenaient dans la natte ou dans le corps de l'adversaire, les remettaient bec à bec. Le coq qui refusait dix fois de suite de reprendre le combat était considéré comme battu, à moins que son adversaire ne mourût auparavant de ses blessures, même lorsqu'il persistait à vouloir attaquer.

Il y eut en Angleterre plusieurs arènes fameuses. Celle de Newmarket était en grande vogue à la fin du XVIIIe siècle. En 1775 à Newcastle, pendant la réunion des courses, les amateurs de Durham et du Northumberland se disputèrent un Welch main où figurèrent trente-huit combattants et on prétend que sur cette arène on a compté, en une seule semaine, jusqu'à mille coqs tués.

Cet amusement assurément était barbare, mais depuis qu'une ordonnance de Guillaume IV en 1835 a proscrit les combats de coqs et que les amateurs ont été vigoureusement pourchassés par la police, le Révérend Ed. Dixon se demande ironiquement, dans le chapitre qu'il a consacré aux coqs de combat dans son ouvrage sur les volailles de ferme et d'agrément, si la passion du jeu a diminué, si l'on coudoie moins de gredins hypocrites dans les centres de réunion et de plaisir, si le nombre des menteurs et des intrigants a décliné dans le pays; si la persécution et la calomnie ont disparu des mœurs anglaises, si les empoisonnements, les assassinats, les infanticides sont moins fréquents. La réponse nous paraît, comme au Révérend Ed. Dixon, assez embarrassante [1].

1. *Ornamental and domestic poultry*, by the Rev. S. Dixon, London, 1850.

Toujours est-il que la passion du jeu rapprochait dans les arènes consacrées aux combats de coqs les gens des rangs les plus divers et les professions les plus disparates. A ces promiscuités étranges, que nous voyons du reste de nos jours se continuer sur les champs de course, il est douteux que la morale eût beaucoup à gagner. Le grand peintre satirique Hogarth, si merveilleux observateur des mœurs de son époque dont il a flagellé les vices par des suites de tableaux d'un intérêt si poignant, nous a laissé une bien amusante représentation d'un combat de coqs dans l'arène royale de Westminster. Nous y voyons coude à coude des types de toutes les classes de la société. Le jeune homme aveugle qui préside assis au centre du tableau, cachant sous ses mains aristocratiques les billets de banque entassés dans la coiffe de son chapeau, est un célèbre parieur de l'époque, lord Albemarle Bertie, fils du duc d'Ancaster. A droite se trouve encore un autre grand personnage qu'on reconnaît aux plaques d'ordre de chevalerie qui couvrent sa poitrine. Un ruffian de bas étage cherche à profiter de la cécité du jeune gentilhomme pour lui subtiliser quelques banknotes. Un balayeur des rues coudoie un beau gentilhomme français qui dans sa distraction laisse tomber le tabac de sa tabatière entr'ouverte sur le spectateur placé au-dessous de lui ; un pasteur invoque le ciel en faveur du coq sur lequel il a ponté sans doute, et, au premier plan, de mauvais plaisants ont dessiné à la craie une potence sur le dos d'un spectateur, soit que cet emblême figure là en guise d'avertissement, soit qu'il serve à désigner le bourreau lui-même, ce qui est assez probable, car ce fonctionnaire était un habitué. Des jockeys ou hommes d'écurie topent du bout de leurs cravaches, selon l'usage pour tenir un pari, et sur le sol se projette l'ombre singulière d'un personnage qu'on ne voit pas, mais qui n'est autre que le joueur insolvable qu'on a hissé au plafond dans un panier, comme c'était la coutume et qui semble tendre au public sa montre et ses breloques pour obtenir qu'on le délivre de sa fâcheuse position. C'est la même société que nous retrouvons, soixante ans plus tard, dans la curieuse estampe en couleurs de Rowlandson, publiée dans le *Microcosme de Londres* en 1808 et dont Pugin avait dessiné

LE COMBAT DE COQS DE HOGARTH.

l'architecture, nous laissant ainsi un souvenir parfaitement exact du fameux cock-pit royal.

En France, pour ne pas avoir pris les proportions d'une institution nationale, les combats de coqs ont été également beaucoup pratiqués et sont restés en honneur dans certains centres miniers, quoiqu'ils soient, comme en Angleterre, également proscrits par la loi, d'une application difficile, j'imagine, au fond des galeries de mine et dans les auberges borgnes où Remy Cogghe a pris sur le vif, comme Hogarth et Rowlandson, l'aspect pittoresque d'une réunion d'amateurs en pays flamingant.

La passion pour les combats de coqs fut habilement exploitée dans les Indes au siècle dernier par un Français célèbre afin d'attirer à lui les indigènes et de gagner leur confiance. Je veux parler du major général Claude Martin. Né à Lyon en 1735 et fils d'un humble tonnelier, Claude Martin, poussé par l'esprit d'aventure, s'engagea à l'âge de seize ans avec un de ses frères dans les troupes que Lally-Tollendal recrutait alors en France pour la Compagnie des Indes. En vain la seconde femme de son père, qui l'aimait comme un de ses propres enfants, chercha-t-elle à s'opposer à son départ, le bouillant jeune homme ne voulut rien entendre et la pauvre femme, dépitée, lui jetant à la tête un rouleau de pièces de vingt-quatre sols, lui dit : « Tiens, malheureux, puisque tu veux nous quitter, va-t'en, mais ne reviens qu'en carrosse ! » La brave ménagère ne croyait pas si bien dire. Son beau-fils ne revint jamais en France puisqu'il mourut en 1800 dans le pays où il avait été chercher fortune, mais il fit profiter sa ville natale et ses concitoyens d'une bonne part des trésors qu'il avait amassés dans sa carrière aventureuse.

Claude Martin s'était embarqué à Lorient sur « le Machault », le 18 septembre 1751 et il arriva à Pondichéry en 1752. Il servit en qualité de dragon dans les gardes du gouverneur, puis dans divers régiments avec lesquels il se distingua aux prises de Gondelar et du fort Saint-David ; mais lorsque la cause française fut perdue dans les Indes, Claude Martin passa au service du gouverneur anglais de Madras avec un certain nombre de ses compatriotes qui ne trouvaient plus à utiliser leur activité sous le drapeau français. Longtemps on a représenté Claude-Martin comme un traître. Le triste sort de son chef Lally et son inique condamnation à mort, suffiraient pour nous mettre en garde contre la facilité avec laquelle les puissants du jour rejettent sur des boucs émissaires les défaillances de leur politique. Cette défaillance du gouvernement de Louis XV aux Indes fut une des plus complètes que l'on eût jamais vues. Claude Martin passa au service de l'Angleterre parce qu'à ce moment la France avait renoncé à continuer une lutte que l'insuffisance de ses généraux et la corruption de ses administrateurs avaient rendue impossible; mais le transfuge, libre de tout engagement, refusa toujours de renoncer à sa nationalité malgré tous les avantages qu'il en aurait pu retirer. Loin de là, il mit toutes les forces de son ingéniosité, toutes les ressources du pouvoir qui, malgré tout, lui fut bientôt dévolu, à servir ses compatriotes et son pays natal.

A la suite d'une mission qui lui fut confiée à Lucknow en 1774, Claude Martin entra dans les bonnes grâces du Nabab, visir d'Oude, et de son fils Asaf-ed-Doula, et rien ne se fit plus à la cour de Lucknow que par son intermédiaire; le nabab ayant obtenu de la Compagnie des Indes anglaises de le garder auprès de lui en qualité de surintendant de son arsenal. Alors ses remarquables qualités d'organisateur et d'administrateur purent se donner libre carrière. Claude Martin inspira au souverain indien la passion des arts et des produits d'Europe; il établit un système de prêts et d'importations au moyen duquel il amassa une fortune considérable, et en 1790, au moment où éclata la guerre entre Tipoo-Sahib et les Anglais, il était riche de 10 millions et possédait sur les rives de la Gounties un palais magnifique qu'il avait appelé Constantia house, et où il avait réuni comme dans un jardin zoologique les animaux et les plantes des cinq parties du monde et un très riche musée d'objets d'art et de physique.

Les fêtes que Claude Martin donnait dans ce palais étaient un moyen habilement employé pour amorcer les princes et les seigneurs indiens et pour mettre en contact fréquent les indigènes

COMBAT DE COQS EN FLANDRE.

et les étrangers. De cette manière il créait un échange profitable d'opinions et d'intérêts. Les Indiens étant grands amateurs de combats de coqs, il n'avait eu garde de négliger cette manière de les séduire, et il avait formé en peu de temps des équipes de coqs de combat dont la réputation était telle, qu'elle avait

« CONSTANTIA HOUSE », AUJOURD'HUI « LA MARTINIÈRE » DE LUCKNOW.

éveillé la jalousie des amateurs de l'Angleterre où ce sport favori battait son plein. L'un d'eux, le colonel Mordaunt, dont les coqs de combat étaient alors sans rivaux, résolut de venir disputer la suprématie aux coqs de Claude Martin. On pense si ce défi lancé à travers les mers et si le voyage du colonel remua le monde sportif des Indes anglaises ! Le tournoi eut lieu à Lucknow en 1786, et les coqs de Martin sortirent triomphants de la lutte, ce qui contribua à accroître sa popularité. Ce remarquable « event » fut fixé sur la toile par

un peintre qui compte parmi les notabilités de l'École anglaise, quoiqu'il soit d'origine allemande.

Zoffany, pour le moment l'hôte de Claude Martin, était comme lui d'origine plébéienne, étant né en 1733, à Ratisbonne, d'un

LE COMBAT DE COQS DE LUCKNOW EN 1786.

ébéniste au service du prince de Taxis. Protégé par l'électeur de Trèves, il était venu en Angleterre pour fuir l'humeur acariâtre de la femme à laquelle il avait uni son sort, et il eut quelque mal à percer, jusqu'au jour où le fameux acteur Garrick lui confia le soin de peindre son portrait. Il était passé aux Indes en 1782, jouissant déjà de la notoriété et d'une belle fortune, et Claude Martin le mit en relation avec les princes indiens dont il peignit les portraits. Il représenta l'*Ambassade d'Hyderabad* venant présenter ses hommages à lord Cornwallis à Calcutta et une *chasse au tigre* près de Chandernagor; mais son tableau le plus remarquable fut précisément le *combat de coqs de Lucknow*, dont la gravure faite par Earlom est fort recherchée aujourd'hui dans les ventes par les amateurs, dont beaucoup ignorent sans doute l'intérêt historique qui s'attache à cette réunion où les costumes orientaux coudoient d'une façon si bizarre les uniformes et les tenues civiles des officiers et des administrateurs de la Compagnie des Indes. Nous y voyons le major général Claude Martin présider sur un divan placé à droite de la composition, sous une tente. L'artiste anglais s'est représenté lui-même derrière son protecteur tenant ses brosses et ses crayons. Les personnages principaux de l'état-major du général et de la cour du nabab les entourent. M. Gregory présente un coq au lieutenant Golding, dont la corpulence est assez notable, et qui presse contre son cœur un coq favori sans doute. A gauche, le colonel Mordaunt tend les mains au roi d'Oude Azaf ed Doula ; les entraîneurs ou *setters-to* des parieurs sont des Indous qu'on voit au premier plan, soignant leurs oiseaux et entourés de leurs boîtes d'accessoires où figurent les éperons meurtriers ; enfin le fond de la scène est occupé par des indigènes et par une troupe de gracieuses bayadères, parmi lesquelles des serviteurs font circuler des rafraîchissements sous une forme un peu primitive dans une outre, dont ils versent l'eau fraîche dans le creux des mains des spectateurs paraissant aussi altérés que les combattants.

Claude Martin mourut de la pierre à Lucknow en 1800 et voulut que son corps fût salé et enterré dans les cryptes de son somptueux palais avec cette épitaphe :

Ci gît Claude Martin
né a Lyon en 1732
venu simple soldat dans l'Inde
et mort major général.

Nous avons dit que loin de trahir son pays, Claude Martin, en passant au service de l'Angleterre, n'avait jamais perdu de vue les intérêts de la France à laquelle son cœur était resté fidèle et vers laquelle se portaient toutes ses pensées. Son testament en fut la preuve. Ce document extraordinaire, qui contenait à la fois une profession de foi et une apologie de sa vie, dispose que la plus grande partie de sa fortune servira à créer des institutions pour le bien public de Lyon, de Calcutta et de Lucknow. C'est ainsi que furent fondées les fameuses écoles d'instruction technique et théorique qui, du nom de leur bienfaiteur, s'intitulent les Martinières. Celle de Lyon, sur laquelle il nous serait agréable de nous étendre si cela ne nous entraînait pas trop loin de notre sujet, a célébré le centenaire de la mort du major général Martin au mois de novembre 1900, en présence du président Loubet et des principaux membres du gouvernement de la République. Déjà, en 1803, l'empereur Napoléon s'était empressé de faire rendre justice à ce grand Français si longtemps méconnu et si bassement calomnié, en prescrivant que sa statue serait élevée sur une des places de sa ville natale.

Le peintre Zoffany, auquel nous devons le tableau du tournoi de coqs de Lucknow, était mort, lui aussi, millionnaire, aux Indes en 1788. On raconte un assez amusant épisode de ses relations avec le nabab de Lucknow. La silhouette de ce prince prêtait assez facilement à la plaisanterie, comme on peut le voir dans l'estampe d'Earlom ; Zoffany avait fait de lui une charge si réussie qu'on en parla dans la ville et le bruit en vint aux oreilles du despote. Il entra dans une grande colère, résolut de châtier le coupable, et simplement de le mettre à mort. Le colonel Mordaunt, instruit à temps du projet du vindicatif souverain, se hâta de prévenir l'artiste qui, en quelques heures, transforma la caricature en un magnifique portrait officiel, de sorte que lorsque le nabab, fou de rage, fit irruption avec ses séides dans l'atelier où le méfait avait été commis, il se trouva en face d'une peinture sérieuse qu'il ne put s'empêcher d'admirer. En revanche, il fit couper les oreilles à son indiscret informateur, et fit compter dix mille roupies à l'habile artiste qu'il combla d'éloges[1].

VI

J'ai supposé qu'on pouvait faire remonter au déluge l'emploi des oiseaux pour le sport. Si ma supposition est exacte, un des premiers que l'homme ait utilisés a dû être le pigeon, ou plus exactement la colombe, puisque c'est cet oiseaux qui rapporta dans l'arche le premier petit bleu, sous forme de feuille verte, pour annoncer à Noë qu'il pouvait sortir de son abri. Il semble, en effet, que la domestication des colombidés se perd dans la nuit des temps, car dès les premiers âges du monde les hommes ont pu se rendre compte de l'attachement du pigeon pour son domicile, de son affection pour sa compagne et pour ses petits et l'exploiter en conséquence. Et c'est cette affection du pigeon pour sa pigeonne qui avait sans doute engagé les anciens à faire de cet oiseau l'emblème de l'amour et à le placer, comme Jules Romain dans un de ses tableaux, sur le giron de Vénus la déesse de la beauté. C'est à ce titre surtout que le pigeon a été vénéré et respecté dans toutes les religions et qu'il est devenu l'oiseau sacré que l'on a partout entouré d'une considération spéciale. Aussi a-t-il élu domicile sans façon sur les monuments des grandes cités et il a élevé sa famille en sécurité au milieu des volutes de l'architecture; nichant, ici sur l'épaule d'un Saint, comme vous pouvez le voir sur le portail de l'Eglise de Saint-Augustin; là, dans le casque d'un guerrier, comme on peut le constater à l'Arc-de-Triomphe de l'Etoile sur le groupe de Rude.

1. Voir : Calcutta Review, 1891, *Biographie de Claude Martin*, et Revue Britannique, fév. 1870, *Un Français dans l'Inde*.

Ses colonies greffées sur les monuments de l'édilité humaine, sont devenues caractérisques de certaines villes ; Moscou est célèbre par ses bandes innombrables de pigeons au moins autant que par le nombre de ses dômes multicolores et c'est au milieu de volées de pigeons effarés, que la photographie instantanée permettait de constater naguère le passage sur la place Saint-Marc dans la ville des Doges, d'un financier célèbre sur lequel la police ne parvenait pas à mettre la main.

Des observateurs superficiels ont attribué à un sens spécial qu'ils ont appelé le *sens de l'orientation*, la facilité avec laquelle le pigeon retrouve le chemin de son colombier, dans des circonstances qui paraissent difficiles, mais le sens de l'orientation n'existe pas plus chez le pigeon que chez aucun autre animal en tant que sens spécial et ce n'est que par l'éducation et par des entraînements successifs que le pigeon domestique emporté loin de son colombier se dirige dans les airs, grâce à l'exercice de toutes ses facultés. Le temps n'est pas loin où le fameux sixième sens sera relégué parmi les accessoires des légendes dont une observation plus méthodique et des expériences plus scientifiquement conduites, démontrent chaque jour la futilité. Cependant la légende est si fortement ancrée dans l'esprit des colombophiles qu'on voit encore des écrivains sérieux prendre pour démontrés des faits qui ne reposaient que sur les fantaisies de l'imagination des narrateurs. Quoi qu'il en soit, l'instinct du pigeon qui le ramène à son colombier, comme l'hirondelle à son nid et le cheval à son écurie, en a fait un oiseau de sport par excellence, car on a organisé des courses de pigeons qui ne le cèdent en rien aux courses de chevaux par l'application utile qu'on en peut faire au transport des lettres et à l'échange de communications entre différents centres d'habitations humaines.

L'utilisation du pigeon comme courrier est beaucoup moins ancienne en Europe qu'en Orient, où elle semble avoir pris naissance. Les monuments de l'ancienne Egypte attestent que du temps des Pharaons les marins se servaient de pigeons pour annoncer leur retour. Les auteurs arabes parlent des services de postes par pigeons organisés entre Bagdad et les principales villes de Syrie et d'Egypte dès le XIIe siècle ; lorsque saint Louis et les Croisés abordèrent à Damiette, le ciel fut un instant obscurci, dit Joinville, par les nuées de pigeons messagers que les Sarrasins lancèrent en l'air pour annoncer au Soudan l'arrivée des ennemis ; au XVe siècle Sir John Mandeville relève avec étonnement dans son voyage en Syrie la pratique de faire porter des lettres à des pigeons voyageurs, ce qui prouve que l'usage lui en était

LACHER DE PIGEONS DANS UNE VILLE FLAMANDE.

inconnu [1] et en 1662, dans une description du Northamptonshire, Fuller fait la remarque qu'il est probable que les pigeons anglais feraient aussi bien le service de la poste que ceux d'Alep et de Babylone si on les dressait à ce service, ce qui pourrait bien, ajoute-t-il sur un ton de commisération, priver de son gagne-pain plus d'un honnête facteur. A cette époque-là, donc, il n'y avait pas à proprement parler, de pigeons voyageurs en Angleterre et ce n'est guère que dans le cours du dernier siècle que l'emploi de ces oiseaux s'est implanté en Europe. Les An-

1. Voiage and travaile of Sir John Maundeville, which treateth of the way to Hierusalem and of Marvayles of Inde, 1499.

glais et les Belges y sont passés maîtres. On organise dans ces pays et en France aussi maintenant, des lâchers de pigeons dont le départ est vraiment pittoresque; des prix sont attribués aux oiseaux qui arrivent les premiers à leurs colombiers, par des Sociétés colombophiles qui ont pris une grande importance et ces concours sont l'occasion de fêtes nationales auxquelles il est particulièrement intéressant d'assister sur les places pittoresques des villes des Flandres.

Que dirait aujourd'hui notre chansonnier populaire Béranger lui qui s'indignait avec tant de verve du régime utilitaire auquel les financiers avaient déjà commencé de son temps à soumettre l'oiseau de Vénus !

Pigeons, vous que la Muse antique
Attelait au char des amours,
Où volez-vous ? Las ! en Belgique
Des rentes vous portez le cours !
Ainsi, de tout faisant ressource,
Nobles tarés, sots parvenus,
Transforment en courtiers de Bourse
Les doux messagers de Vénus.
De tendresse et de poésie,
Quoi ! l'homme en vain fut allaité !
L'or allume une frénésie
Qui flétrit jusqu'à la beauté.
Pour nous punir, oiseaux fidèles,
Fuyez nos cupides vautours ;
Aux cieux remportez sur vos ailes
La poésie et les amours !

Mais le poète, si patriote, nous pardonnerait d'avoir mis le pigeon au sport et aux affaires, en considération des services qu'il nous a rendus pendant le siège de Paris.

Au mois de septembre 1870, la capitale de la France envahie fut investie contre toute attente. Si, comme l'avait proposé un grand et habile amateur belge, M. La Perre de Roo, on avait fait sortir de Paris avant cette époque les pigeons des Sociétés colombophiles de Paris, nous aurions pu rester en communication constante avec la province. L'heureuse organisation du service des ballons ayant permis, à diverses reprises, de transporter au delà des lignes d'investissement, un certain nombre de pigeons voyageurs que les aéronautes emportaient avec eux, on put, dans une faible mesure, réparer cette impardonnable négligence, et par les remarquables résultats que l'on obtint d'un service organisé à la diable, avec des oiseaux pour la plupart non entraînés, confiés souvent à des mains inhabiles, on peut juger de ce qu'aurait pu faire une administration plus prévoyante.

Sur 363 pigeons voyageurs mis à la disposition du gouvernement de la Défense nationale, 73 seulement sont rentrés à Paris avec des dépêches, savoir 9 en septembre, 21 en octobre, 24 en novembre, 13 en décembre, 3 en janvier et 3 en février. Mais ces 73 pigeons ne représentent pas 73 oiseaux différents, car certains, comme celui de M. Derouard, ont pu faire six voyages, et ils sont comptés dans le chiffre total comme autant d'individus distincts. Un habile photographe, M. Dagron, qui était aussi sorti de Paris en ballon, avait imaginé un système de reproduction microscopique des dépêches sur une pellicule très légère qui permettait d'en mettre sur un seul pigeon jusqu'à dix-huit exemplaires donnant un total de plus de cinquante mille dépêches pesant ensemble moins d'un demi-gramme.

Ce sont les poètes et les artistes qui attachent les missives au cou ou à la patte d'un pigeon avec des faveurs bleues ou des rubans roses! La façon pratique d'attacher une dépêche est de la rouler dans un tuyau de plume que l'on fixe à une des rémiges de la queue du pigeon avec un fil ciré. De cette façon on n'entrave point son vol et on ne paralyse point ses moyens. A Paris, les pellicules de M. Dagron étaient déroulées à l'aide d'un peu d'eau contenant quelques gouttes d'ammoniaque; on les mettait entre deux verres et on les

QUEUE DE PIGEON
GARNIE DE DÉPÊCHES.

grandissait par projection au moyen de la lumière électrique[1].

Et nunc erudimini gentes !

L'expérience du siège de Paris servira-t-elle de leçon pour l'avenir? Il est de fait que tous les gouvernements se sont émus et semblent s'être occupés sérieusement d'organiser des pigeonniers militaires. Celui que M. Geoffroy Saint-Hilaire avait fait construire incontinent au Jardin d'Acclimatation paraît réunir toutes les qualités d'un pigeonnier modèle. C'est une vaste tourelle de quatre étages, bâtie entièrement en briques et fer et pouvant contenir deux cents paires de pigeons. Dieu veuille qu'il ne soit jamais mis en réquisition, mais en attendant les pigeons voyageurs sont désormais l'objet d'une conscription à Paris et ils doivent comme les chevaux être régulièrement inscrits sur des registres qui permettront de les réquisitionner au jour donné, tandis qu'au moment du siège de Paris, on ne savait à qui s'adresser pour en avoir. Mais encore faut-il que les oiseaux soient régulièrement exercés et l'organisation des courses et des concours devra remplacer pour eux les treize et les vingt-huit jours de nos territoriaux et de nos réservistes.

Hélas! pour le pigeon comme pour tous les triomphateurs, la roche Tarpéienne est près du Capitole! Le sport du tir aux pigeons est devenu depuis quelque temps une institution qui n'est pas sans utilité, puisqu'elle nous familiarise avec l'usage des armes à feu que tous les concerts européens n'ont pas encore reléguées parmi les accessoires démodés du progrès de la civilisation, et des milliers de pigeons périssent annuellement dans ces concours. La rapidité du vol de ces oiseaux en fait un but difficile à atteindre. Des règles spéciales et bien étudiées ont été combinées de façon à égaliser les chances des tireurs, car on se dispute dans ces luttes des prix importants et les parieurs y trouvent matière à satisfaire leur passion du jeu et à exercer leur perspicacité en prenant tantôt le pigeon, tantôt le tireur. Les fusils en renom sont handicapés comme des

1. *Le Pigeon messager et son application à l'art militaire*, par V. La Perre de Roo. Paris, Deyrolle.

chevaux de course et de grosses sommes sont à la merci de la nervosité des concurrents et des hasards du départ des pigeons

PIGEONNIER MILITAIRE DU JARDIN D'ACCLIMATATION.

qui sont projetés hors d'une série de boîtes à ressort placées devant le tireur. C'est le sort qui désigne à l'employé qui en tient les ficelles, celle qu'il faut ouvrir.

Les tirs au pigeon ont incontestablement exercé leur influence sur le perfectionnement des armes à feu, en permettant de juger, dans des conditions d'expérience identiques, les effets de la fabrication de l'arme, des explosifs et des projectiles ; mais ce sont les attraits du jeu surtout qui ont stimulé leur développement. Le Hurlingham et le Gun-Club de Londres où avaient lieu chaque année de grandes luttes entre les membres des

LE TIR AUX PIGEONS DE BILLANCOURT.

cercles anglais et les tireurs étrangers ont donné l'impulsion première à la vulgarisation d'un sport qui est maintenant répandu un peu partout. Au cercle des Patineurs du Bois de Boulogne, on a fondé un tir aux pigeons dont les matchs sont suivis par toute la société élégante de la capitale. L'installation en est parfaite et confortable, quoique les pigeons restent assez indifférents, sans doute, à ces aménagements. Une vaste et élégante marquise règne le long des bâtiments et abrite les spectateurs et les tireurs qui attendent leur tour pour s'avancer sur le *stand* autour duquel le champ de tir occupe un arc de cercle dont le rayon est de cinquante-cinq mètres. Les boîtes à pigeons, au nombre de cinq, espacées de cinq mètres l'une de l'autre, sont à vingt-cinq mètres de la limite dans laquelle les pigeons sont réputés « bons ».

LE TIR AUX PIGEONS DE MONACO.

A une petite distance de Paris, dans l'île de Billancourt, facile à atteindre par les bateaux-mouches de la Seine, l'armurier Guyot a établi un excellent tir aux pigeons, où se disputent les prix de la Société du fusil de chasse et du cercle agricole. On n'y tire pas seulement le pigeon vivant, mais aussi le pigeon artificiel lancé par des ball-traps aussi bien du sol que du haut d'une plate-forme élevée pour mieux se rapprocher des conditions du tir au vol normal.

Enfin nous ne saurions passer sous silence la somptueuse organisation du tir aux pigeons de Monaco où l'administration des bains de mer et le cercle des étrangers offrent chaque année, pendant la saison, des prix importants et des objets d'art, aux tireurs qui s'y réunissent.

Le terrain du tir a été gagné sur la mer qu'il domine en terrasse et le pavillon des spectateurs et des tireurs est adossé à la côte. Les gagnants des prix ont la satisfaction de voir leurs noms inscrits en lettres d'or sur des plaques de marbre qui ornent l'intérieur du stand. C'est sur cet emplacement que se dispute chaque année au mois de février depuis 1872 le grand prix du casino qui se compose d'une somme de 20,000 francs en espèces et un objet d'art ajoutés à 200 francs d'entrée. Les gagnants de ce prix appartiennent à toutes les nationalités, parmi lesquelles l'Angleterre tient de beaucoup la corde, puis vient l'Italie et ensuite la France représentée par le comte de Saint-Quentin et M. Journu qui, sous le pseudonyme de « Galfon », a remporté plus d'une victoire sur les différents champs de tir.

Il est assurément pénible de penser que le tir aux pigeons entraîne la mort de tant d'innocentes victimes, mais il nous semble qu'il y a moins de cruauté à trancher le cours de la vie d'un oiseau par un coup de fusil, qu'à préparer froidement la mort des animaux domestiques, en leur inoculant toutes sortes de maladies adipeuses, pour la plus grande jouissance de nos estomacs raffinés. La civilisation a ses martyrs parmi les animaux comme parmi les hommes et puisque nous sommes encore malgré le « Progrès » en plein âge de luttes et de combats, mieux vaut-il que l'homme trouve une diversion à ses instincts sanguinaires dans la chasse et le tir, que dans les révolutions, ou encore dans ces entraînements imbéciles par leurs excès dont certains sports se font gloire, et où le sportsman se ravale lui-même au métier de brute pour tenir le record de l'athlétisme et de la mobilisation.

Détournons pourtant nos yeux des scènes de carnage. Laissons les pigeons qui auront échappé au plomb meurtrier des tireurs regagner le colombier où les attend peut-être quelque

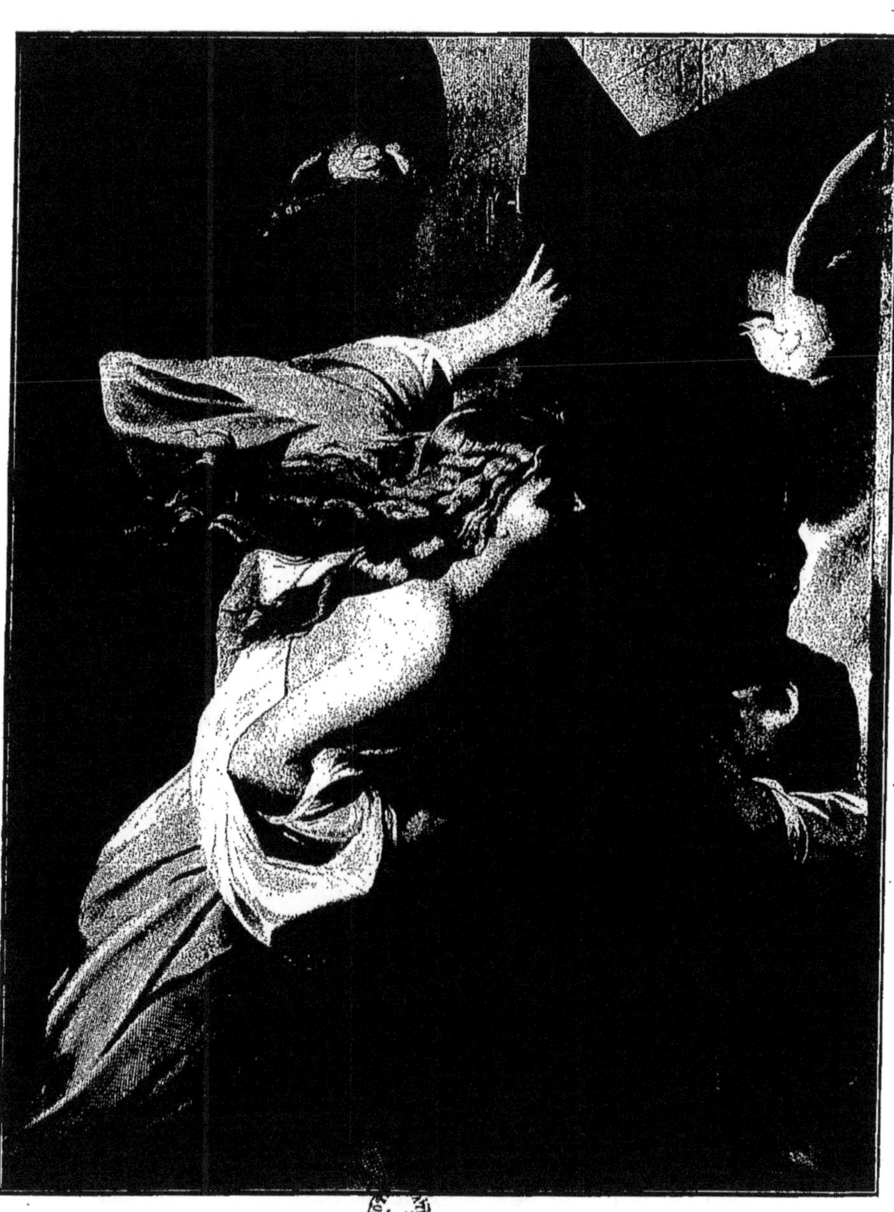

LES DEUX PIGEONS DE L. BENOUVILLE.

douce pigeonne et c'est sur le spectacle de cet heureux retour que je termine, laissant au pinceau de Benouville le soin de commenter, mieux que je ne saurais le faire, la fable où La Fontaine a dit :

> Voilà nos gens rejoints et je laisse à juger
> De combien de plaisirs ils payèrent leur peine.
> Amants, heureux amants, voulez-vous voyager,
> Que ce soit aux rives prochaines.

LA FAUCONNERIE DE BEAUCHAMP

(1893)

Il y a un peu plus d'un quart de siècle maintenant que des amateurs de sport se mirent en tête de faire revivre, dans

VUE GÉNÉRALE DE LA FAUCONNERIE DE BEAUCHAMP.

HANGAR OUVERT. HANGAR FERMÉ.

notre beau pays de France, la fauconnerie, délaissée depuis la Révolution.

Ils appelèrent d'Écosse un célèbre fauconnier, John Barr, avec ses oiseaux, et de leurs premières tentatives naquit l'équipage de fauconnerie de Champagne qui, pendant quelques années, sous la présidence de M. le comte Werlé, de Reims, jeta un vif éclat dans les plaines du camp de Châlons. La guerre mit fin à ces exploits, mais le branle était donné, et lorsque le pays rentra dans le calme, un petit nombre de fervents disciples de saint Hubert entretint ce réveil de traditions longtemps interrompues. Si à l'heure qu'il est nous n'avons pas en France, à proprement parler, un véritable équipage de chasse au vol, du moins y a-t-il quelques sportsmen qui, tous les ans, dressent autours et pèlerins, et opèrent quelque belle prise de plume ou de poil. A Evreux, M. Cerfon a toujours un ou deux autours en bon état de vol, qui déjeunent avec lui, sur le dos de sa chaise ; les dunes de Boulogne voient tous les ans M. Belvallette arriver, au moment de la saison des bains de mer, avec quelques oiseaux de haute ou de basse volerie qui travaillent aussi admirablement que s'ils avaient été dressés par d'Arcussia ou Boissoudan. Si M. Gervais, dans les environs de Meaux, a mis bas pour aller guerroyer contre les éléphants et les hippopotames du Congo, dans les Landes, M. Georges Sourbets est resté en relations constantes avec les fauconniers irlandais, pour se procurer les pèlerins ou les émerillons dont il se sert. Enfin, aux portes de Paris, M. Barrachin continue à entretenir sur un pied quasi royal, aigles, gerfauts, pèlerins et autours [1].

La fauconnerie de Beauchamp est installée dans une vaste propriété close de murs, située dans les plaines que Saint-Leu-Taverny domine de son clocher. La maison d'habitation est modeste, comme il convient à un simple rendez-vous de chasse, et les oiseaux sont, ma foi ! mieux logés que leur maître ; c'est signe que le maître est bon et les oiseaux excellents. A droite, un vaste hangar ouvert sur les côtés, fait pendant à un hangar semblable, mais fermé de larges panneaux vitrés.

Entre les deux hangars, une véranda vitrée, d'où le maître a l'œil sur ses pensionnaires ; où de jolies châtelaines de Paris et des environs viennent filer de la laine et faire échange

1. Il faudrait ajouter à cette liste l'équipage du Dr Arbel qui depuis que ceci a été écrit a pris la tête du mouvement.

LES FAUCONNIERS DE BEAUCHAMP.

de leurs impressions sur les derniers bals, j'allais dire de la cour, ou sur les ventes de charité. Devant la maison s'étend une prairie tondue de près; les susdites châtelaines ont dû maintes fois griller d'envie d'y faire un *lawn-tennis* ou une partie de *golf*, mais à Beauchamp, tout est consacré aux oiseaux, et sur la pelouse, le long d'un ruisseau murmurant autour d'un bassin que remplit une eau cristalline, s'élèvent les *blocs* sur lesquels les oiseaux de haute et basse volerie sont mis à l'air pour *jardiner*. Puis voici l'arbre mort avec sa grande branche en potence, le perchoir des élèves encore tenus par une *filière*, lorsque l'on commence à les faire venir au poing et à les *réclamer*. Enfin au delà d'une barrière basse s'étend le parc un peu sauvage, et des chênes un peu rabougris ombragent une populeuse garenne. C'est le terrain de chasse.

Le dressage des oiseaux de fauconnerie a, en lui-même, un charme extrême. Voir ces volatiles, d'un naturel si fier, si indomptable, se familiariser au bout de quelques jours d'éducation, partir du poing, s'élancer dans les airs à perte de vue, revenir sur le poing au moindre signe; suivre sous les futaies un autour qui observe avec intelligence le travail du furet, dans lequel il reconnaît son compagnon de chasse et son auxiliaire, et qui se tient prêt à fondre sur le lapin lorsqu'il déboule de son terrier, voilà à mon sens, qui vaut mieux que toutes les battues du monde! Dans un siècle aussi sportif mais aussi décadent que le nôtre, où l'on aime les plaisirs faciles et le vélocipède, et où tout le monde n'est pas assez *coltineur* pour trouver du charme à porter un sac de 100 kilogs de Paris à Corbeil, ni assez riche pour être adjudicataire des chasses à courre de l'État, voilà qui devrait tenter tous ceux qui ont quelques loisirs à donner aux choses de la chasse et aux distractions de la campagne, sans être écrasés par de trop grosses charges. Mais il faut avoir été à Beauchamp pour se rendre compte que la fauconnerie n'est pas morte comme on s'est plu à le dire, et qu'elle peut encore s'adapter merveilleusement aux exigences de notre civilisation.

Dans notre *Conférence sur la fauconnerie*, nous avons raconté l'histoire de l'aigle de M. Gervais, qu'on pourrait, lui aussi, appeler l'*aigle de Meaux*, car, venu du Turkestan, il a fini sa carrière aux environs du siège épiscopal de Bossuet, à l'équipage de Rosoy, en prenant des renards et des chats, ceux-ci pas toujours sauvages.

Les aigles de M. Barrachin ne sont pas d'aussi grosse espèce et visent un plus modeste gibier; c'est ce que les naturalistes appellent l'*Aigle Bonelli*. Il y en a deux, *Jupin* et *Junon*, qui sont dressés à poursuivre les lapins sous bois comme les autours. Les autours sont la grande spécialité de l'équipage de Beauchamp et peut-être les favoris du maître, car le terrain n'est pas

AIGLE BONELLI SUR UN LAPIN.

très favorable aux exercices de haut vol, et quand on fait voler les pèlerins et les gerfauts, il faut sortir du parc et aller en plaine où il n'y a pas d'autre gibier pour exercer leurs talents que les pigeons d'escape qu'on leur fait poursuivre. Plusieurs des autours de M. Barrachin sont merveilleux de familiarité et de docilité, et du plus loin qu'ils l'entendent, ils le reconnaissent, lorsque la voiture vient chercher les invités à la gare d'Herblay, et que *Diane*, *Sapho* ou *Léda* ont été attachées sur le siège comme des valets de pied bien stylés. Diane est à l'équipage depuis 1887, Sapho depuis 1890, et Léda depuis 1891; c'est dire que ces oiseaux ont maintenant leur magnifique livrée d'adultes, un élégant pourpoint gris perle, zébré de noir, ayant remplacé la robe de chambre brune avec ses brandebourgs marron qu'ils portaient en sortant du nid. *Flore* est un autour en miniature, un épervier femelle, mais point coquette par exemple, cassant à tous propos les plumes de sa queue ou chiffonnant ses ailes, et malgré ces désavantages sérieux chez un oiseau de vol, elle prend cependant à merveille, partant du poing, les oisillons que l'on fait lever sur le bord de la route; c'est un plumeau si vous voulez, mais un plumeau intelligent, plein de vigueur et ayant l'amour de l'art, l'art d'épousseter les moineaux et autres bestioles.

FAUCON PÈLERIN. GERFAUT JEUNE.

Deux fauconniers tout de vert habillés, la couleur classique, sont préposés à la garde de cet équipage varié où il faut encore signaler des gerfauts blancs ramenés de Norvège, il y a deux ans, par le capitaine Marshall, un amateur anglais qui introduit dans les îles Britanniques des animaux de tous les pays du monde. Ces fauconniers sont de braves Lorrains, dans lesquels M. Barrachin a trouvé de sérieux auxiliaires et auxquels il a inculqué toutes les traditions de l'art dont il a si bien retrouvé les secrets. Ceci prouve que si nous manquons aujourd'hui de fauconniers de profession pour dresser des oiseaux, il ne serait cependant pas si difficile d'en former, et de bons encore. Le fauconnier que M. Gervais avait stylé, Gille, était devenu rapidement profès et peut compter parmi les meilleurs que nous ayons vus à l'œuvre. Les ouvrages modernes ne manquent plus pour mettre les novices dans la bonne voie. Plus n'est besoin de recourir aux traités anglais de Salvin, de Harting, ou de Freemann : MM. Cerfon, Belvallette, Foye, nous ont donné des manuels excellents, que tout le monde peut se procurer à bon compte, tandis qu'il y a quelques années, il fallait acheter à poids d'or le d'Arcussia ou le *Miroir de Fauconnerie* de Pierre Harmont, dit Mercure. Encore fallait-il savoir lire entre les lignes du fatras moyenageux, pour dégager les principes utiles, de l'empirisme, de l'alchimisme et autres nébulismes dont les anciens auteurs ont encombré leurs œuvres comme à plaisir.

La journée passe vite, je vous assure, à la fauconnerie de Beauchamp, où les aimables maîtres de maison font le plus gracieux accueil à leurs visiteurs. Il y a tant à voir et à apprendre avant de se mettre en chasse, tant d'explications à demander sur l'art de la fauconnerie qui, pour la plupart, est une véritable révélation! Les tableaux qui ornent les panneaux de la salle à manger ou de la véranda ne sont pas les moins instructifs ni les moins dignes d'admiration. Voici d'abord un groupe de chiens et de gerfauts de Jean Fyt, ce Flamand si longtemps méconnu, que la critique moderne a placé à côté de François Snyders, le grand animalier. Les aigles furent la spécialité de Jean Fyt et les pèlerins, représentés en grand attirail de chasse au vol, dans la toile que possède M. Barrachin, sont d'excellents exemples de la manière du maître. Au-dessus d'une porte, un autre panneau de gerfauts pourrait bien être une étude d'Oudry. Puis nous arrivons à quelques portraits de favoris de l'équipage par Goubie, le peintre attitré de toutes les élégances du sport moderne, dont le pinceau si délicat rend si merveilleusement les reflets de la plume des oiseaux et les ondulations du corsage de nos amazones. Voici encore quelques toiles de Mérite, le jeune maître qui depuis quelques années est le Grand Fauconnier de nos Expositions. Admirables d'observation et de conscience, ses études d'oiseaux de proie! Nous n'aurions garde d'oublier dans cette galerie, les instantanés du maître d'équipage lui-même dont l'objectif a su prendre ses oiseaux dans toutes les variétés de leurs attitudes au milieu de fonds et d'accessoires disposés avec un véritable sens artistique et une grande habileté de main. Son « Autour venant au leurre » est une merveille et un tour de force que peu de professionnels pourraient égaler.

M. Barrachin a contribué à la formation du Musée de Sport ouvert aux visiteurs du Jardin d'Acclimatation et où dans la vitrine de la fauconnerie on trouvera les modèles des gants, des chaperons, des ustensiles dont il se sert. Voilà encore un des obstacles à la reprise de la fauconnerie qui disparaît. On était, en effet, bien embarrassé pour savoir comment se procurer les engins indispensables à la chasse au vol, au dressage des faucons. Le Musée de chasse du Jardin d'Acclimatation nous les met sous les yeux. Lorsque reviendra la saison du dénichage des oiseaux de proie, espérons que chaque année verra surgir quelques nouvelles recrues à la fauconnerie moderne renouvelée et rendue pratique par des sportsmen convaincus comme M. Barrachin.

11

AUTOUR VENANT AU LEURRE.

(D'après la photographie de M. Barrachin.)

LA FAUCONNERIE DE BERCK

(1894)

« *A tous amateurs du passe-temps et vertueux exercice de la Fauconnerie, salut !* » Cet appel qui s'adressait à tous, lorsqu'en l'année MDCXXVIII, Claude Cramoisy, marchand libraire, « en la boutique de l'*Angelier*, au premier pilier de la grand'salle du Palais », mit en vente une nouvelle édition de la Fauconnerie de Jean de Franchières, grand prieur d'Aquitaine, cet appel, par combien serait-il entendu aujourd'hui ? Souhart, dans sa bibliographie de la chasse, ne compte pas moins d'une douzaine d'éditions du traité du fameux prieur, entre 1531 et 1628, et ce n'était pas le seul qui exerçât alors sa plume sur l'art de dresser les faucons. La littérature cynégétique tenait alors le haut du pavé et cela valait mieux pour la santé physique et morale des contemporains que la psychologie malsaine et les descriptions sordides des romanciers de notre époque. Si notre pays doit se relever un jour, c'est que la vie active des champs et les plaisirs mâles du sport auront défendu notre vieux sang gaulois contre les envahissements de la morphine, et notre cerveau contre les sophismes des philosophes.

Donc, chose rare de nos jours, M. Alfred Belvallette manie le leurre et tient la plume comme ces grands ancêtres qui ont fait la France virile et courtoise avant qu'elle ne fût sapée par les bombes des dynamitards ou empoisonnée par les distillateurs d'absinthe suisse et autres produits de la pharmacopée moderne. Nous lui devons un excellent *Traité d'autourserie*, publié en 1887, chez Pairault, et tous les ans les baigneurs de Berck-sur-Mer, qui vont chercher la santé sur les dunes de sable du Pas-de-Calais, peuvent assister aux vols d'un des rares équipages de fauconnerie qui contribuent à sauver d'un oubli total les traditions du noble déduit.

C'est vers 1883 que M. Belvalette a commencé à s'occuper d'autourserie, et presqu'aussitôt il adjoignait à son vol quelques faucons pèlerins qu'il fit venir d'Irlande. Les autours sont dénichés dans les grandes forêts de la Normandie, que mettent aussi à contribution M. Cerfon d'Elbeuf, et M. Barrachin pour la fauconnerie de Beauchamp. Après avoir fait encore venir des pèlerins du Old Hawking Club d'Angleterre, et s'être procuré des hagards de passage pris sur les bruyères du Brabant par Mollen, le vieux fauconnier du Loo, M. Belvallette s'est avisé que nous avions aussi des aires en France, et depuis trois ans ses pèlerins sont des oiseaux français, pondus, couvés et élevés à l'ombre du drapeau tricolore, sur les falaises de la Manche.

L'équipage compte chaque année une douzaine d'oiseaux dont un tiers d'autours. M. Belvallette dirige lui-même le dressage avec un jeune aide-fauconnier qu'il a formé, car hélas ! les professionnels sont aujourd'hui si rares, qu'il faut que ceux qui voudront aider à la reprise de la fauconnerie en France paient de leur personne, à moins d'envoyer quelques hommes s'instruire par l'exemple des « leçons de choses » soit à Berck, soit à Beauchamp, soit en Angleterre. Mais la peine n'est-elle pas compensée par le plaisir, et n'y a-t-il pas une véritable satisfaction à arriver, en un temps relativement court, à ployer le faucon farouche aux exigences d'une quasi domesticité ? A Berck le dressage marche très vite, parce que le maître d'équipage n'est pas un homme de loisirs et qu'il faut que, dans les quelques semaines qu'il peut consacrer à ses vacances, il obtienne un résultat. Aussi les oiseaux sont-ils l'objet de soins assidus et d'une surveillance constante, et il est merveilleux de voir comme M. Belvallette met rapidement ses élèves en état de passer leurs examens. C'est qu'il a été lui-même à bonne école, et que le vieux Mollen a vidé pour lui son sac à malices.

La configuration du pays à Berck se prête tout particulièrement aux exercices du vol ; les dunes sont très découvertes, sans arbres où les oiseaux pourraient se perdre et se cacher, et ils apprennent même vite à relever le point et à rentrer à la fauconnerie si le vent les emportait parfois un peu trop loin des

LE PORTE-CAGE DE M. BELVALETTE.

girations du leurre. Par exemple les vols ne sont pas toujours sans danger pour les oiseaux de l'équipage. Maître Lapin chassé de son terrier par un furet dont l'autour suit avec un remarquable intérêt le travail souterrain et qui ne quitte pas de l'œil les gueules d'où il s'attend à voir débouler sa proie, Maître Lapin se plonge dans les fourrés d'épines pour éviter la serre de l'oiseau, et celui-ci entraîné par son élan, s'embroche parfois sur ces mêmes épines. Puis il y a les chasseurs au fusil qui errent à travers la plaine et qui résistent rarement à la tentation d'envoyer du plomb à un faucon volant d'amont et faisant ses randonnées gracieuses, parfois très loin du maître qui l'a déchaperonné. Cependant, les faucons dressés sont *armés*, comme on dit, d'un grelot qui tintinnabule dans l'espace et qui devrait signaler leur présence au moins aussi sûrement que la clochette de nos bouillants cyclistes invite les gens qui vont à pied à se garer. De grâce, Messieurs les chasseurs, ouvrez l'œil et l'oreille aussi ! Nous avons vu l'été dernier plusieurs éclopés à l'équipage de Berck ; spectacle lamentable qui ne témoigne ni d'une grande sûreté de coup d'œil, ni d'un très bon jugement, mais qui serait pour décourager les amateurs qui ont déjà tant de mal à se procurer les éléments indispensables de la chasse au vol.

Berck est une station balnéaire à peine connue depuis quelques années, et qui s'est implantée dans les sables mouvants du Pas-de-Calais avec une remarquable rapidité, grâce aux conditions sanitaires excellentes qui en font la vogue. On y a d'abord construit des hôpitaux pour les enfants scrofuleux et malingres, puis voyant les couleurs renaître aux joues des petits infirmes, et leurs membres tordus se détendre sous l'influence salutaire de la brise marine imprégnée d'iode qui caresse la plage, des familles plus fortunées sont venues y conduire leurs petits citadins étiolés ; bref, de charmants chalets se sont élevés de toutes parts, et un Casino fort bien fréquenté a complété les installations balnéaires de cette ville désormais lancée. Les rues sont encore tracées à la diable, un peu comme dans les villes fraîche écloses de nos possessions africaines ou du Far-West américain, mais une municipalité soigneuse rectifie les alignements et construit des trottoirs dont on n'a presque pas besoin, tant la porosité des sables hâte l'absorption des eaux de pluie qui partout ailleurs formeraient de fâcheux cloaques.

C'est dans un de ces jolis chalets que, dès le retour de la belle saison, M. Belvallette installe sa famille, et peu après les *niais* d'oiseaux de proie dénichés pour former sa remonte. Un cerf-volant taillé à la japonaise, sur le modèle d'un oiseau, se balance presque toujours au-dessus de la fauconnerie, et indique le chemin au visiteur. *La Marche au cerf-volant* remplace, à Berck, pour les amateurs de fauconnerie, *la Marche à l'Étoile* des rois Mages et du Chat-Noir. C'est ainsi que l'année dernière nous avons été guidés vers *la mue*. On désignait autrefois ainsi les endroits où l'on tenait les oiseaux, et le terme est encore employé en Angleterre pour les écuries et remises quoique depuis longtemps les oiseaux n'y sont plus mis *à muer*. L'installation d'une fauconnerie est fort simple, et les pensionnaires de M. Belvallette sont installés comme partout, c'est-à-dire qu'ils ont à leur disposition une remise fermée et une pelouse ouverte qui, selon les temps et les besoins, offrent abri et repos aux oiseaux. A peine sorti du chalet, on peut entrer en chasse, car les garennes poussent des filons jusque dans les rues de la ville. Nous ne parlerons des jolis vols que nous avons faits là que pour noter un curieux épisode.

Un jour, tandis que, l'autour au poing, nous attendions le déboulé des lapins, un autour quitte subitement le gant d'un garde et va raide comme balle s'abattre à quelque cent mètres du monticule sur lequel nous nous tenions. Il avait pris quelque chose. Quoi donc ? Nous n'avions rien vu remuer. Nous courons à l'oiseau et nous lui trouvons une TAUPE dans les serres. Ainsi, à quelques centaines de mètres, l'oiseau avait perçu le petit animal au milieu des broussailles et en un tire d'ailes avait été dessus. Ce vol, tout à fait nouveau, n'est-il pas digne de faire pendant aux vols de papillons que faisait Louis XIII dans la cour du Louvre, avec des pies-grièches dressées par le duc de Luynes !

Hélas ! le mois d'octobre et la rentrée des classes, la reprise des affaires et la vie de bureau, viennent chaque année disperser le petit équipage de Berck. Plusieurs des oiseaux sont envoyés en Angleterre, d'autres vont enrichir la ménagerie du Jardin des Plantes ; on graisse les longes et les jets, on suspend à la panoplie les grelots, les chaperons et les leurres, et en voilà pour jusqu'à l'année prochaine. Nous espérons bientôt entendre parler de la reprise de la campagne, mais nous espérons mieux encore. Est-ce que séduite par l'exemple de **MM.** Belvallette, Barrachin, Cerfon, Gervais, etc., quelque belle châtelaine ne prendra pas sous son patronage la création d'un équipage de fauconnerie permanent, qui montrera, mieux que nous ne pouvons dire, quel charme apporteraient à la vie des champs les us et coutumes de la haute et basse volerie si fâcheusement délaissés ?

Qu'on ne s'y trompe pas : c'est dans le développement de la vie rurale dans toutes ses branches qu'est l'avenir ; tout ce qui tend à délasser l'être humain de ses rudes travaux, de ses préoccupations sérieuses, est utile au plus haut chef, car c'est ainsi que nous ramènerons des villes les fortunes qui s'y perdent, les intelligences qui s'y abrutissent, et les cœurs que l'on y endurcit.

FAUCONNIERS PROFESSIONNELS

ET FAUCONS RENOMMÉS

L'Honorable Gérald William Lascelles, *Deputy-surveyor* de la New Forest et de quelques autres domaines de la couronne d'Angleterre, est le secrétaire du Old Hawking Club. Il remplit en fait dans cette association, les fonctions de ce que nous appellerions en France « maître d'équipage », fonctions dans lesquelles il est si admirablement secondé par le zèle infatigable de son ami et collègue B.-H. Jones que ne rebutent aucun mauvais temps, ni aucune difficulté lorsqu'il faut suivre le dressage des oiseaux et les accompagner dans leurs déplacements successifs. L'Honorable Gérald Lascelles a publié dans la collection d'ouvrages de sport, si universellement appréciée sous le nom de BADMINTON LIBRARY, un excellent traité de fauconnerie où il rappelle les services rendus par les professionnels qui se sont illustrés dans la pratique de leur art pendant la dernière moitié du XIXe siècle. Nous ne saurions mieux faire que de donner ici, avec l'assentiment des éditeurs MM. Longmans et Green, la traduction presqu'intégrale de ce chapitre [1] :

L'histoire des individus dont l'habileté et le savoir ont contribué à entretenir un sport, une science, un art quelconques, éveillera toujours la curiosité de ceux qui dans la suite des temps chercheront à suivre leurs traces. C'est pourquoi les amateurs de fauconnerie trouveront sans doute quelque intérêt aux pages que nous consacrons ici aux hommes qui, dans les

1. *Badminton library,* Longmans Green et C°. Londres, 1892. *Coursing and Falconry.*

temps modernes, ont non seulement conservé les traditions de l'art de la volerie, mais qui lui ont encore fait jeter un vif éclat en ranimant les cendres de son autel.

Pour ce qui touche à l'histoire des fauconniers du dernier siècle nous renverrons les lecteurs à l'introduction de la *Fauconnerie dans les Iles Britanniques* et nous reprendrons le récit au point où le capitaine Salvin l'a laissé.

Parmi les principaux amis de John Anderson, le grand fauconnier écossais qui naquit en 1745 et mourut en 1833, était un certain Ballantyne qui remplissait les fonctions de major-dome à la résidence de Lord Bute, Dumfries House, dans l'Ayrshire et qui avait été un moment fauconnier du comte d'Eglinton. Ballantyne avait, comme son ami, l'amour du faucon, et son fils Peter apprit à porter l'oiseau sur le poing aussitôt qu'il put se tenir lui-même sur ses petites jambes. Peter Ballantyne était né en 1798; à l'âge de vingt ans il fit son apprentissage sous les ordres du vieil ami de son père John Anderson alors fauconnier de l'équipage du Renfrewshire entretenu par des souscriptions. Jusqu'à sa mort M. Fleming dirigea cette association dont le quartier général était au château de Barochan, sa résidence. Pendant quelques années, après la mort de M. Fleming, Anderson, avec Ballantyne pour aide, continua ses fonctions à Barochan, mais il passa les deux dernières années de sa carrière professionnelle au service du comte de Morton à Dalmahoy. C'est à l'époque où Ballantyne faisait son apprentissage sous ses ordres, qu'Anderson se montra à Londres revêtu d'un costume du temps de Jacques Ier, lors du couronnement de Georges IV, pour présenter au roi un couple de faucons au nom du duc d'Athol qu'une ancienne coutume féodale obligeait à reconnaître sous cette forme la suzeraineté de la couronne sur l'île de Man [1].

Ballantyne faisait une amusante description de la tournure de son patron revêtu de ce singulier costume dont une vieille pein-

1. Voir le *Catalogue illustré de la Fauconnerie* à l'Exposition Universelle de Paris en 1889, publié chez Cerf, 12, rue Sainte-Anne, conjointement avec la *Conférence* de M. Pierre-Amédée Pichot sur *la Fauconnerie d'autrefois et la Fauconnerie d'aujourd'hui.*

ture qui se trouve au château de Barochan et dont on rencontre rarement la gravure, nous a conservé le souvenir; cette peinture justifiait amplement les termes dont Ballantyne et Anderson lui-même se servaient en rappelant cette cérémonie.

Lorsqu'Anderson se retira en 1832, Ballantyne entra au service de Lord Carmarthen, sous les ordres de John Pells, l'aîné, à Huntly Lodge dans l'Aberdeenshire. On y entretenait des faucons pèlerins niais et on y faisait de grands vols de hérons et de gibier. Le plus beau vol était celui de la bécasse que l'on pouvait pratiquer dans la perfection au milieu des jeunes plantations de Deeside. Par Pells, Ballantyne apprit la méthode hollandaise de dresser les faucons, l'art de confectionner les chaperons et la manière de remplacer par des tourillons les lourdes vervelles qu'on fixait autrefois aux jets. C'est en combinant les sytèmes écossais et hollandais de dresser les faucons qu'il devint en tant que vol de gibier, un fauconnier de première force.

En quittant Lord Carmarthen, Ballantyne se mit au service de Sir James Boswell, chez qui il eut à s'occuper d'un chenil de levriers aussi bien que de faucons. A la mort de Sir James, il fut engagé par M. Ewen, d'Ewenfield Ayr, où il obtint les résultats remarquables que nous avons signalés en traitant du vol de gibier. Lorsque M. Ewen mourut, il passa chez M. Oswald d'Auchincruive, où il termina ses jours, en 1884, à l'âge de quatre-vingt-six ans ayant jusqu'au bout pratiqué son art avec passion.

Si ses forces le trahirent un peu pendant les deux dernières années de son existence, il n'en donna pas moins de beaux vols jusqu'en 1880, grâce à son faucon « la Perle », probablement un des meilleurs oiseaux qu'il ait jamais eus. Au moment de sa mort il affaitait encore un faucon, qui mourut le même jour que son maître.

Une remarquable famille de fauconniers écossais fut celle des Barr. William Barr, le chef de la famille, était de sa profession, garde-chasse, mais ayant vu le jour dans le bon temps où il était de règle qu'un ou deux faucons fissent partie de l'attirail de chasse des gentilshommes des comtés du Nord, il avait appris les rudiments de la fauconnerie et en savait assez pour mettre très convenablement des niais au vol du gibier. Tous ses fils montrèrent de grandes dispositions pour le noble déduit. William, l'aîné, dressait bien les niais et pendant quelques années il exploita l'exhibition de faucons dressés sur les champs de course et les hippodromes analogues où il leur faisait voler des pigeons d'escape, genre de sport que nous ne saurions pourtant assez blâmer comme dégradant pour celui qui le pratique et prostituant un sport dont l'essence est la chasse du gibier sauvage. William Barr émigra en Australie en 1853, et peut-être bien est-il encore de ce monde. Robert Barr, le troisième fils, fit son éducation de fauconnier sous ses frères aînés, William et John, entra au service du capitaine Salvin, puis du Maharajah Dhuleep Singh et finit par devenir le fauconnier du Old Hawking club, position qu'il occupa pendant sept années avant d'aller chez le marquis de Bute, chez qui il mourut peu après en l'année 1871.

C'est le second fils, John Barr, qui de tous ces fauconniers professionnels a laissé le plus grand renom, et on peut dire qu'il fut aussi le plus habile fauconnier de ce siècle. Le premier, il combina les diverses méthodes en usage dans les pays où l'on pratique encore la chasse au vol. Élevé par un fauconnier écossais, il s'était dès l'enfance familiarisé avec la manière d'élever et de dresser des oiseaux niais. Jeune homme, il avait voyagé en Italie et en Syrie avec le Maharajah Dhuleep Singh, et s'était trouvé en relations régulières avec des professionnels d'Orient, dont il avait étudié les systèmes qu'il s'était assimilés avec l'énergie et l'habileté qui lui étaient propres. Enfin, tous les ans, il se rendait en Hollande pour aider à prendre les faucons de passage et ne manquait pas de faire son profit de tout ce que les Hollandais pouvaient lui enseigner. Passionné pour les faucons, actif et intelligent comme il l'était, il est tout naturel qu'il pût approfondir tous les mystères de la capture, du dressage et de l'affaitage du faucon plus qu'aucun homme que nous ayons connu jusqu'ici. Il n'y avait pas de proie qu'il n'eût volé; pas de genre de vol avec lequel ne se fût familiarisé.

De 1857 à 1865, John Barr fut fauconnier chez le Maharajah où il eut occasion de pratiquer tous les genres de vol et où toutes les espèces d'oiseaux de proie employés en fauconnerie lui passèrent par les mains. Lorsque ce prince démonta

JOHN BARR ET SON AIDE A L'ÉQUIPAGE DE CHAMPAGNE.

son équipage, John Barr devint le fauconnier en chef de l'équipage de fauconnerie de Champagne, dont le siège était au camp de Châlons, où il put voler la corneille, le héron, la pie, l'outarde et le courlis de plaine (*œdicnème*). En 1869, cette association de sportsmen d'élite, formée sous la présidence du comte Werlé, fut dissoute, mais un de ses membres, le comte

J. Alfonso de Aldama, continua à entretenir les oiseaux. C'est au service de ce gentilhomme espagnol que John Barr fit un déplacement en Angleterre. Il avait à ce moment-là quelques excellents oiseaux dont nous avons relaté ailleurs les exploits. En 1869, John Barr avec son neveu James, lui aussi fauconnier, entreprit un voyage en Islande pour y piéger des gerfauts, et grâce à son habileté, car il ne connaissait pas le pays et n'avait jamais encore, sans doute, rencontré de gerfauts sauvages, il revint avec trente-trois captures. John Barr remplaça, ensuite, son frère Robert, qui venait de mourir chez Lord Bute, mais il ne resta que peu de temps chez ce seigneur et alla exhiber des faucons dressés en divers endroits, notamment au Welsh Harp de Hendon, comme avait fait son frère William. En 1872, il fut appelé par le Old Hawking Club, aux fonctions de fauconnier en chef, et fit de beaux vols sur les dunes du Wiltshire. En 1873, il avait un vol de faucons passagers exceptionnellement bon et nous noterons, incidemment, que c'est le seul fauconnier auquel nous ayons vu prendre des vanneaux au printemps, avec un faucon dressé. Barr fut ensuite embauché par le capitaine Dugmore, qui voulut organiser un club de fauconnerie sur un pied gigantesque ; il eut alors trois aide-fauconniers sous ses ordres ; il fit voler ses oiseaux en Irlande, sur le champ de courses d'Epsom et au Jardin d'Acclimatation de Paris, puis à l'Alexandra Palace près de Londres, mais il n'eut guère à déployer pendant cette période ses aptitudes de sportsman et de fauconnier. En 1876, le capitaine Dugmore l'envoya en Norvège pour se procurer des gerfauts. Dans cette circonstance son vieil instinct de piégeur se réveilla et il revint, après une absence de huit ou neuf semaines, rapportant dix beaux faucons et autant d'autours qu'il lui en avait plu d'attraper. Il ne connaissait pas de rival pour prendre un faucon sauvage ou pour retrouver un faucon perdu ; il semblait deviner instinctivement où l'oiseau se trouvait et ce qu'il pourrait bien faire au moment précis où il lui conviendrait de se mettre à sa recherche et, d'une façon ou d'une autre, il était rare qu'il rentrât sans son oiseau sur le poing. En 1879, il entra au service de M. Evans de Sawston, Cambridgeshire, et en

1880, après avoir réussi le dressage de quelques faucons de passage pour les vols de la corneille au printemps, il fut emporté par une maladie à l'âge de trente-neuf ans. Ce fauconnier émérite était aussi habile dans les soins qu'il donnait à ses oiseaux à la mue, que dans la manière dont il les faisait travailler aux champs, ce qui n'est pas peu dire et il s'écoulera bien du temps, sans doute, avant qu'on ne retrouve un praticien aussi capable d'assurer le succès du sport dont il était un amateur si passionné.

Avec les Barr et les Ballantyne, les vieilles lignées de fauconniers écossais semblent s'éteindre, et quoique plus d'un intelligent montagnard ou d'un garde zélé ait montré des aptitudes pour un art dans lequel, avec l'aide des circonstances, ils auraient pu se perfectionner, pour la première fois, croyons-nous, dans les annales de la fauconnerie, il n'existe pas de fauconnier écossais pratiquant.

L'école écossaise, comme nous avons eu occasion de le dire, a toujours excellé dans le maniement des niais et dans la pratique du vol de gibier. Pendant bien des années, les Anglais qui cultivaient la haute volerie de la corneille, du héron et du milan avaient dû recruter leurs fauconniers en Hollande. Le professeur Schlegel dans son *Traité de fauconnerie* nous a conservé l'histoire de ces habiles dresseurs et praticiens.

Jan Daams, né à Valkenswaard en 1744, entra au service de Lord Orford, vers l'année 1772[1]. Après la mort de Lord Orford, il fut engagé par le colonel Wilson à Didlington dans le Norfolk, et en 1808, tandis qu'il attendait à Cuxhaven une occasion pour s'embarquer pour l'Angleterre avec les oiseaux qu'il allait tous les ans chercher en Hollande, il fut réquisitionné par Louis Bonaparte, alors roi des Pays Bas pour réorganiser au château du Loo la fauconnerie abandonnée depuis le départ du Stadthouder Guillaume V en 1795. Il resta à la cour de Hollande jusqu'à l'abdication du roi Louis en 1810, et

1. Voir *Hawking in Norfolk*, appendice de *La Faune de Norfolk*, par Lubbock, édition Southwell.

fut alors mandé par Napoléon pour prendre la direction d'un équipage de fauconnerie à Versailles. Ce vol ayant été supprimé en 1813, Daams retourna à Valkenswaard et mourut en 1829.

Frank ou François Van den Heuvell naquit à Valkenswaard en 1766, et tout jeune encore, fit son apprentissage sous Frank

F. Van den Heuvell, au Loo.
(D'après la planche de *Sonderland* dans *Schlegel*.)

Daams, neveu de Jan Daams. En 1780, il prit du service chez l'Electeur de Hesse avec lequel il resta jusqu'en 1785 et fut alors engagé à Versailles par M. de Forget, lieutenant des chasses de Louis XVI. En 1792, la fauconnerie royale ayant été supprimée, il retourna à Valkenswaard. Deux ans plus tard, il se mit au service du colonel Thornton, avec qui il resta jusqu'en 1799, lorsque Lord Middleton le prit à ses gages, et en 1804, il entra chez Sir Robert Lawley. Plus tard, il passa avec le colonel Wilson la période de 1820 à 1828, et revint à Valkenswaard. En 1840, le club de Fauconnerie du Loo récemment constitué le rappela à l'activité et il mourut en 1845.

Jan Peels, élève de Jan Daams et qui l'accompagnait au moment de sa détention à Cuxhaven, était aussi originaire de Valkenswaard. Après avoir fait plusieurs voyages entre la Hollande et l'Angleterre, il rentra en Angleterre en 1808 lorsque son patron fut réquisitionné et il s'engagea chez Sir John Sebright, puis chez quelques autres amateurs. En 1814, il entra chez le colonel Wilson et fut envoyé en Hollande pour chercher des faucons. Il revint en Angleterre en 1815 avec Jan Lambert Daankers, qui avait été son condisciple sous Jan Daams et qui mourut en 1816 et il continua à faire annuellement le voyage de Hollande jusqu'en 1827, servant notamment chez M. Downes de Gunton (Voir Sebright, « *On Hawking* »). Subséquemment nous le trouvons au service de lord Carmarthen, plus tard duc de Leeds, puis du duc de Saint-Albans, chez qui il mourut en 1838.

Jan Bots, élève de Daankers, vint pour la première fois en Angleterre comme aide de Frank Van den Heuvell en 1821. De 1828 à 1838 il figure régulièrement à Didlington, mais à la mort de lord Berners il passa en France chez le baron d'Offémont. En 1840, le club de Fauconnerie du Loo s'assura ses services et il y resta jusqu'en 1852, faisant, entre temps, une ou deux expéditions en Norvège pour y prendre des gerfauts.

Arnold Bots, son frère, l'accompagnait en Angleterre depuis 1829 et était aussi un des fauconniers du club du Loo.

Un troisième frère, James Bots, fut aussi dans sa jeunesse employé à Didlington et dans la suite il se plaça chez le colonel Hall, à Weston Colville. Puis il retourna en Hollande au club du Loo. Il se fixa à Valkenswaard où il tint l'auberge du Faucon (Valken Inn). Il venait de temps en temps en Angleterre et mourut vers l'année 1869.

John, le fils aîné de Jan Peels, naquit en Angleterre et adopta l'orthographe anglaise pour écrire son nom : Pells. Il succéda à son père dans les fonctions de fauconnier en chef du Grand Fauconnier héréditaire d'Angleterre, le duc de Saint-Albans. Lorsque le duc actuel renonça à toute participation active dans le sport de la fauconnerie, Pells reçut une pension de retraite et continua à dresser et à faire voler des faucons à Lakenheath, dans le Suffolk. En 1845, il fit une excursion en Islande pour se procurer des gerfauts dont il rapporta une quinzaine. Huit de ces oiseaux furent dressés au Loo. C'était un excellent fauconnier que beaucoup d'amateurs de la génération actuelle ont bien connu et il était toujours disposé à faire profiter les débutants de son savoir. Il mourut en 1883.

ADRIEN MOLLEN, le vieux
1820-1895.

ADRIEN MOLLEN, qui est presque le dernier des fauconniers de l'ancienne École Hollandaise, était né à Valkenswaard et était élève de Jan Bots, lorsqu'il entra au service de Lord Berners (1833 à 1836). En 1837, il fut emmené par le prince de Trautmansdorff aux environs de Vienne et là il dressa des oiseaux pour le vol du gibier et du courlis ou œdicnème criard. Pendant son séjour chez ce gentilhomme, il se procura en Hongrie une nichée de jeunes sacres, deux tiercelets et un faucon, qu'il mit au vol du gibier. Il disait avoir parfois, mais rarement, rencontré des sacres sauvages, lorsqu'il faisait voler ses oiseaux dans ce pays. En 1831, il rentra en Hollande et devint fauconnier en chef du roi, faisant voler ses oiseaux au Loo et travaillant conjointement avec les fauconniers du Club du Loo. Lorsqu'on renonça aux déplacements annuels de vol au Loo, Mollen retourna à Valkenswaard et depuis lors, avec

PH. KARL MOLLEN.

l'aide de ses deux fils Karl et Adrien, c'est lui qui a pris chaque année et bien souvent dressé tous les oiseaux dont avaient besoin les fauconniers d'Angleterre et des autres pays. Tous les fauconniers lui reconnaissent une habileté et une adresse exceptionnelles.

Son frère PAUL MOLLEN travailla au Loo sous ses ordres. Lors de la dispersion de l'équipage Royal, il trouva un emploi au jardin Zoologique d'Anvers. Vers 1860, Lord Lilford l'engagea pour prendre soin de ses faisanderies et volières. Il a pris sa retraite il y a quelques années après avoir pendant quelque temps dirigé en France un petit équipage de vol chez le comte d'Eprémesnil et il vit à Oundle dans le Northamptonshire.

Avec ce professionnel nous fermons la liste d'une race de fauconniers que Sir John Sebright a bien justement qualifiés d'hommes sobres et laborieux aussi bien qu'habiles et patients dresseurs d'oiseaux. La conservation des

A. MOLLEN, le jeune († fév. 1894).

traditions de la fauconnerie leur doit beaucoup et il est à regretter qu'on ne trouve plus guère de gens de cette trempe.

Nous avons passé en revue les fauconniers écossais et hollandais, les uns et les autres experts dans leur art, ayant pratiqué en Angleterre sous les ordres de maîtres anglais, mais nous n'avons encore nommé aucun fauconnier anglais. Il est assez singulier depuis l'époque du colonel Thornton jusqu'à ce jour, qu'aucun professionnel anglais ne se soit distingué dans la science de la fauconnerie.

Pendant son voyage aux comtés du Nord (*Northern Tour, 1804*) le principal factotum du colonel semble avoir été un certain William Lawson, qu'il désigne comme son fauconnier en chef et son inspecteur général, et, d'après ce qu'il en dit, ce devait être un vieil et dévoué serviteur. Nous croyons qu'il était Anglais. Mais il faut sauter de cette date jusqu'en 1870 pour retrouver un Anglais répondant à des qualifications analogues et digne d'une égale confiance dans la personne de John Frost, le fauconnier en chef du Old Hawking Club. Fils d'un garde de M. Newcome, de Feltwell, Norfolk, Frost passa son enfance au milieu des faucons et eut de nombreuses occasions de se familiariser avec les pratiques de la fauconnerie, non seulement auprès de M. Newcome lui-même, mais encore auprès de Robert Barr, dont il fut un moment l'aide-fauconnier, et de John Pells, qui habitait Lakenheath dans le voisinage. En 1872, il fut engagé par le Old Hawking Club, comme sous-ordre de John Barr, et, en 1873, il fut promu fauconnier en chef du club, fonction qu'il remplit jusqu'en 1890. Pendant cette période, il allait tous les ans en Hollande dresser les faucons passagers capturés pour le club et apprit auprès de Mollen et de ses aides les pratiques de la méthode hollandaise comme auprès des Barr il avait appris celle des fauconniers écossais. Ceux qui ont suivi les déplacements de l'équipage du O. H. C. sur les plaines de Salisbury ou dans le Yorkshire, à Kildare, Cork et Wexford, dans le Sutherland et le Caithness, savent que l'art de la fauconnerie avait en lui un adepte anglais des plus habiles. Il mourait à l'âge prématuré de trente-six ans en septembre 1890 à Langwell dans le Caithness où il faisait voler ses oiseaux sur les moors du duc de Portland, un de ses patrons. Ceux-là seuls qui ont assisté aux vols que Frost leur avait fait voir peuvent se rendre

JOHN FROST (✝ oct. 1890).

compte de la perte que la vieille science de la fauconnerie a subie en perdant un homme aussi capable de la mettre en pratique aussi bien dans les champs qu'à la mue. Même dans les dernières semaines de son existence, alors que sa santé était déjà profondément ébranlée, Frost réussit dans la perfection le vol difficile de la grouse, enregistrant quatre-vingt-seize prises entre le 12 août et le 6 septembre avec quatre faucons seulement. Sa dépouille mortelle repose à Berriedale.

On peut bien dire qu'à l'exception de John Barr, Frost n'a pas eu de rival dans le présent siècle pour toute espèce de vol en général, et, s'il avait vécu, on ne sait pas jusqu'où il eût fait porter la perfection de son art, l'accommodant aux conditions modernes dans lesquelles il est possible de l'exercer, grâce à ses habitudes soigneuses et à son instinct de la chasse. C'était un sportsman de premier ordre, également apte à se servir du chien, du fusil et de l'oiseau. Son éducation et son esprit ouvert, supérieurs à ce qu'il est d'usage de rencontrer chez des gens de sa classe, en faisaient non seulement un admirable serviteur, mais encore un compagnon intéressant, habile à tous les sports. Ceux qui l'ont bien connu pleurent en lui la perte d'un ami.

Frost n'a pas été heureusement le seul fauconnier professionnel anglais. Son frère Alfred Frost, au service de M. T. J. Mann, George Oxer, autrefois fauconnier de M. Saint-Quintin et maintenant au service du Old Hawking Club, ont tous deux fait leur éducation sous John Frost et sont aussi capables de dresser et de faire voler des faucons qu'aucun fauconnier hollandais ou écossais du dernier demi-siècle. James Rutford, le fauconnier du major Hawkins Fisher, est un élève de John Pells le jeune et est un habile praticien ainsi que Cosgrave, le fauconnier de Lord Lilford, Peter Gibbs, fauconnier de l'Hon. C. W. Mills, membre du parlement, et E. Dwyer, au service du major Bingham Crabbe. Mais c'est là tout ce que nous pouvons citer comme fauconniers contemporains, quoiqu'ils ne soient sans doute pas les seuls capables de manier un oiseau à la satisfaction de leur maître.

Comme la plupart des sports, surtout pendant ces dernières années, la fauconnerie a été maintenue par des clubs ou des associations de souscripteurs. L'une des premières institutions de ce genre fut l'équipage du Renfrewshire, dont John Anderson était fauconnier, et qui avait son quartier général au château de Barochan, la résidence de M. Fleming, qui semble avoir administré le vol jusqu'à sa mort, en 1812. Après son décès, les oiseaux restèrent plusieurs années à Barochan avec Anderson pour fauconnier; Sir John Maxwell de Pollak remplissait alors les fonctions de maître d'équipage. Il semble que c'est vers 1830 que cet équipage s'est dissous.

Une plus considérable et plus ambitieuse association existait à peu près à la même époque sous les auspices du colonel Thornton qui en parle dans son *Northern Tour* comme des « Fauconniers confédérés de la Grande-Bretagne », mais que l'on connaissait généralement sous la désignation de *Falconer's Club*. Lord Orford fut le président de ce club et sans doute sa cheville ouvrière avant et après le règne fastueux du colonel Thornton. On n'est pas certain de la date à laquelle ce club fut formé; ce devait être aux environs de l'année 1770 et il semblerait qu'il fut entretenu sur un grand pied pour voler le héron et le milan. Ses fauconniers étaient presque tous des Hollandais, qui se servaient d'oiseaux passagers. Dans un chapitre sur la fauconnerie dans le Norfolk que nous trouvons dans l'ouvrage de Stevenson sur les oiseaux du Norfolk, on peut lire la citation d'un ancien « Avis » qui donne une idée assez exacte des opérations de cette association sportive.

Swaffam, le 5 février 1783.

FAUCONNERIE.

Le comte d'Orford
Directeur pour l'année courante :

Les membres de la Société de fauconniers sont avisés que les faucons seront en Angleterre dans la première semaine de mars et qu'ils commenceront aussitôt à voler le corbeau et le milan. Le quartier général sera établi à Bourn Bridge, dans le Cambridgeshire, à 48 miles de Londres, jusqu'à la première réunion d'avril, après quoi il sera transporté à Barton Mills et Brandon jusqu'au 31 mai pour finir la saison.

Les faucons sortiront tous les samedi, lundi et mercredi de chaque semaine à dix heures si le temps le permet.

Les souscripteurs sont invités à faire le versement de leurs cotisations pour cette saison, chez MM. Coutts et Cie, banquiers, dans le Strand, Londres.

N. B. — Le vol se compose de 32 faucons légers, 13 faucons allemands et 7 faucons d'Islande.

Par faucons allemands, il faut entendre sans doute des autours, mais le nombre nous en semble bien considérable. Par faucon léger on désignait souvent le pèlerin à cette époque. Le colonel Thornton paraît avoir pris la direction de ce club en 1772, et lorsqu'il le quitta, en 1781, ce fut Lord Orford qui le remplaça. Cette année-là, les membres de l'association offrirent au colonel une urne en vermeil, dont le couvercle était surmonté d'un faucon liant un lièvre. Ce vase fut exposé en 1889 à l'exposition de Sport et d'Art, qui eut lieu à la Grosvenor Gallery à Londres par le présent Lord Orford. Il l'avait racheté à un descendant du colonel. L'inscription gravée sur cette pièce d'argenterie ainsi que la liste des noms des donateurs nous fournissent des indications précieuses sur les agissements du plus important établissement de fauconnerie d'il y a cent ans et sur les personnes qui pratiquaient alors ce sport. On y lit :

Cette pièce d'orfèvrerie a été offerte au colonel Thornton le fondateur et le directeur des Faucons Confédérés, par Georges comte d'Orford, et les membres du Falconer's Club, en témoignage de leur estime et de leur reconnaissance pour l'assiduité dont il a fait preuve, en mettant, en neuf années, sur un pied d'excellence incomparable l'équipage qu'il cède aujourd'hui au comte d'Orford.

Barton Mills, 23 juin 1781.

Le comte d'Orford, MM. Sturt, Snow, Smith, Stephens, le comte Ferrers, l'Hon. Th. Shirley, Sir John Tancred, MM. A. Wilkinson, B. Wrightson, Drummond, Sir Cornwallis Maud, le duc d'Ancaster, MM. Williamson, Baker, W. Baker, Pierse, Chaplin, Vaughan, R. Wilson, Musters, Barrington-Price, Daniel, l'Hon. W. Rowley, Lord Mulgrave, M. E. Parsons, le cap. Grimstone, le cap. Yarburgh, le comte de Leicester, MM. Stanhope, Leighton, Francis Barnard, Nelthorpe, Potter, le col. Saint-Léger, MM. Serle, Coke, le duc de Rutland, le duc de Bedford, MM. Lascelles-

Lascelles, Parker, Tyssen, Molloy, Affleck, Saint-George, le comte d'Eglinton, MM. Parkhurst, Molineux, le comte de Surrey, Sir William Milner, Sir John Ramsden, M. Royds, Sir Richard Simonds, le comte de Lincoln, le marquis de Graham, M. Parsons [1].

Lord Orford dirigea le Falconer's club jusqu'à sa mort en 1792. Après lui, le gouvernement de l'association passa entre les mains du colonel Wilson de Didlington, lequel devint plus tard Lord Berners. Les faucons étaient tenus à High Ash près de Didlington, mais comme les milans étaient en train de disparaître, ce furent surtout des hérons que l'on y vola. Le club se prolongea dans une situation plus ou moins florissante jusqu'à la mort de Lord Berners en 1838. Sir E. Landseer fit plusieurs esquisses des oiseaux entretenus à Didlington, dont l'une datée : *Didlington, 30 juin 1831*, est entre nos mains.

Du vivant de Lord Berners les hérons étaient déjà rares à Didlington, et ce qui est pire, par suite du défrichement des bruyères et de leur mise en culture, l'espace sur lequel il avait été possible jusqu'alors de suivre les vols avait été beaucoup circonscrit. C'est pourquoi l'idée vint aux membres du club qu'au lieu d'amener tous les ans leurs faucons de Hollande en Angleterre pour y voler une proie qui se faisait de plus en plus rare, ils auraient avantage à se rendre auprès de leurs oiseaux en Hollande même, où on les prenait et où ils en pourraient tirer un meilleur parti. M. Stuart Wortley et le baron d'Offémont furent envoyés en éclaireurs pour sonder le terrain, et il en résulta qu'en 1839 on fonda le club de fauconnerie du Loo. M. E.-C. Newcome, de Feltwell, qui pendant plusieurs années avait été la cheville ouvrière du club anglais dans ses vols, devint le secrétaire de la nouvelle institution anglo-hollandaise. En 1839 son nom figure seul sur la liste des membres du club, mais en 1840 il se fit un recrutement respectable à la tête duquel nous voyons le prince d'Orange et les princes Alexandre,

1. Cette urne célèbre est représentée dans l'ouvrage de Harting : *Bibliotheca Accipitraria*, publié à Londres chez Quaritch en 1891.

Frédérick et Henri des Pays-Bas. Le duc de Leeds, le révérend W. Newcome, M. Jerningham, Lord C. Hamilton, Lord Suffield, M. E. Green, M. J. Balfour et M. Knight furent les premiers Anglais inscrits, et ainsi débuta sous le patronage de S. M. le roi Guillaume II et sous la présidence de S. A. R. le prince Alexandre des Pays-Bas, le nouveau Hawking Club qui s'établit au Loo.

Le Hawking Club du Loo sonna le glas funèbre de l'ancien club de Fauconniers d'Angleterre, lequel pendant quelque soixante-six ans avait maintenu les traditions du sport non sans succès ni prestige. Il avait pratiqué la chasse au vol depuis les temps où le milan et la grande outarde étaient gibier volant dans nos plaines et sur nos bruyères jusqu'aux jours où le héron représenta seul les grands vols d'autrefois. Mais il renaissait pour ainsi dire de ses cendres au Loo, où l'on devait porter la pratique de l'art du vol à un point de perfection qui n'avait jamais encore été atteint. Le vol du club se composait de vingt-deux faucons de fondation auxquels venaient s'ajouter les vingt-deux faucons de l'équipage royal et leurs fauconniers et avec un pareil personnel le succès n'était plus qu'une question d'opportunité. Pendant ses huit années d'existence près de 1500 hérons ont été liés par les faucons du Loo et jamais la fauconnerie n'avait été pratiquée d'une façon si habile avec un plus royal apparat. Parmi les faucons qui se distinguèrent le plus par leurs prises, on cite un faucon appelé Bull-dog, auquel il ne fallait guère plus de trois descentes pour lier le héron. M. Newcome disait que c'était le meilleur faucon héronnier qu'il eût jamais rencontré. Puis venait le fameux couple de faucons Sultan et De Ruyter, qui après leur première saison de vol à l'équipage, devinrent la propriété personnelle de M. Newcome. Ces oiseaux, que l'on faisait toujours voler de conserve, prirent en Angleterre en 1843 cinquante-quatre hérons et cinquante-sept en 1844, sans compter un grand nombre de corneilles. De Ruyter finit par se perdre à Feltwell en volant la corneille, mais Sultan est un des ornements de la splendide collection d'oiseaux empaillés, que M. Newcome avait constituée à sa résidence de Hockwold, et qu'il montait lui-même avec un talent particulier. En outre de ces oiseaux, un gerfaut nommé MOROCK a laissé un bon renom.

Parmi les autres Anglais qui firent partie du club, nous trouvons M. Stirling Crawford, Lord Alvanley, Lord Chesterfield, M. Thornhill, M. Fred. Millbank, Lord Strathmore, l'Hon. C. Maynard, l'Hon. C. L. Fox, l'Hon. C. Fitzwilliam. En 1853 le club fut dissous, le roi lui ayant retiré son auguste patronage et lui ayant repris la résidence, qu'il lui avait assignée au Loo. Pendant les dix années suivantes, ce fut principalement aux efforts de M. Newcome que la fauconnerie dut sa maintenance en Angleterre. M. Newcome, le plus habile et le plus compétent fauconnier de notre siècle, ne se refusait jamais à aider les débutants de ses conseils et à favoriser le sport de ceux qui pratiquaient déjà. Il est peu d'anciens fauconniers de notre époque qui ne soient redevables à M. Newcome de quelques conseils, de quelque assistance ou des leçons d'une longue expérience, dont il était toujours heureux de faire jouir les autres. Ne pouvant pas toujours se procurer des faucons passagers en Hollande, il tenta et réussit la prise de hérons avec un ou deux faucons niais, ce qui n'avait jamais été fait, peut-être parce qu'on n'avait jamais essayé. En effet, un vraiment bon faucon niais peut valoir la moyenne des faucons de passage, mais il en faut éliminer beaucoup avant de trouver l'oiseau qui réponde au programme. En même temps M. Newcome pratiquait le vol du gibier, quoiqu'il n'aimât jamais beaucoup ce sport, et il réussit le vol de l'alouette avec des émerillons, vol qu'il considérait presque à l'égal du vol du héron.

En 1863, l'honorable Cecil Duncombe, ayant Robert Barr pour fauconnier, entreprit de voler la corneille sur les plaines de Salisbury conjointement avec le major Fisher, et l'année suivante, ne pouvant pas tout seul consacrer à l'équipage le temps que celui-ci réclamait, il organisa un club qui s'est développé et a prospéré sous le titre de : « THE OLD HAWKING CLUB ».

Les membres fondateurs en 1864 furent : l'Hon. Cecil Duncombe, Lord Lilford, le Maharajah Dhuleep Singh, M. E.-C. Newcome, M. Amherst, le colonel Brooksbank, et

A.-E. Knox, Esq. Robert Barr resta le fauconnier du club dont le déduit consistait, alors comme aujourd'hui, à voler la corneille en mars et avril sur les dunes du Wiltshire. On faisait un peu de vol de héron en mai lorsque les oiseaux reprenaient leurs quartiers dans le Norfolk et on fit aussi de beaux vols de grouse sur des moors que le Maharajah Dhuleep Singh avait pris en location.

En 1871, la fauconnerie anglaise fit une perte cruelle en la personne de M. Newcome, enlevé trop prématurément à l'âge de soixante ans et, à la suite de cette épreuve, à laquelle se joignirent quelques autres difficultés, le club eut à franchir une passe difficile. Mais, en 1872, l'association se réorganisa sur des bases plus larges. On reprit le déplacement des dunes du Wiltshire et en automne une remarquablement belle remonte de faucons de passage fut rassemblée. John Barr avait été engagé comme fauconnier en chef et l'Hon. Gerald Lascelles succéda à M. Newcome comme secrétaire et directeur. On étendit le champ des opérations et, depuis cette époque, un vol important de passagers et de niais, suffisant pour tout genre de vol, a été entretenu. Le déplacement annuel de deux mois dans le Wiltshire a été conservé comme une des caractéristiques du sport cultivé par le club et, grâce à la complaisance et à la générosité d'un nombre considérable de propriétaires et de tenanciers des plaines qui entourent Salisbury, les vols ont pu se poursuivre sur une étendue de territoire assez grande pour qu'on pût sortir tous les jours sans nuire à personne. En outre les oiseaux et leur fauconnier sont à la disposition de tous les membres du club qui veulent s'en servir pendant le cours de l'année, en dehors des déplacements officiels, de sorte que l'uniforme vert des membres et de leurs serviteurs s'est fait voir à Kildare, à Wexford, à Cork, dans le Sutherlandshire et le Caithness, dans le Yorkshire et le comté de Hants, partout en un mot où l'on pouvait voler dans l'étendue du Royaume-Uni. Le manque de temps et de loisirs ont seuls empêché de répondre plus largement aux sollicitations de nombreuses invitations. Le nombre total des prises de l'équipage est très considérable et le tableau de l'année 1887 peut donner une idée de la variété du sport auquel il s'est consacré. Ce tableau nous donne :

Corneilles, 209 — pies, 13 — grouses, 95 — coqs de bruyère, 2 — perdrix, 114 — lapins, 112 — faisans, 5 — lièvre, 1 — diverses, 25. — Total : 576 pièces.

En 1890, 244 corneilles furent tuées dans le déplacement de printemps et 95 grouses entre le 12 août et le 6 septembre, époque où la mort du fauconnier John Frost interrompit momentanément les vols.

Pendant le cours de son existence, le club a vu à son rang plusieurs faucons de qualité exceptionnelle. L'un des premiers dignes d'être cités fut un tiercelet niais appelé DRUID, dressé en 1864 et qui, après une tournée en Irlande et son affaitage pour la pie, fut mis régulièrement au vol de la corneille sur les plaines de Salisbury pendant trois saisons. Nous n'avons pas connu d'autre tiercelet capable de refaire pareil exploit quoique récemment un ou deux de ceux que M. Saint-Quintin a mis au vol de la mouette fussent à notre avis de force à rendre tout ce que l'on peut exiger d'un tiercelet.

Dans la très bonne remonte de 1872, un faucon nommé l'IMPÉRATRICE fut de tous points un des meilleurs oiseaux que l'on pût voir. Son record de 63 corneilles pour une seule saison n'a pas encore été battu. Ce faucon fit trois saisons et mourut d'accident. En 1876, malgré un printemps exceptionnellement orageux, un des faucons de la remonte, nommé BOIS-LE-DUC d'après l'endroit où il avait été pris à la hutte, fournit un des meilleurs oiseaux que l'on ait dressé sans doute, depuis l'époque du BULL-DOG du Loo. Difficile à mettre sur la proie qu'on voulait lui faire voler, lorsque cet oiseau fut assuré sur la corneille, il en prit 60 d'affilée sans manquer plus d'un seul vol. Il n'y avait pas de distance qui pût le décourager, ni de tourmente de vent qui pût faire dévier son vol ; ses entreprises étaient d'un grand style et ses descentes ne laissaient rien à désirer. Au bout de cinq saisons, pendant trois desquelles il tint le record contre tous les autres oiseaux de l'équipage, il obtint sa retraite qu'il avait bien méritée. Un autre excellent auxiliaire fut le faucon ELSA, apte à voler toute espèce de proie.

Ce passager, dressé en 1886, tua le plus grand nombre de corneilles pendant ses trois premières saisons et ne resta pas très au-dessous des meilleurs oiseaux en 1889 et 1890. Pendant la seconde saison il fut mis au grouse et se déclara pour gibier dans la perfection, calme, obéissant et montant aussi haut qu'il était possible. Au printemps de 1890, il tua 35 corneilles et en automne 31 grouses, sans qu'il eût rien perdu de son ardeur à voler l'une ou l'autre de ces proies au retour de chaque saison. En tout, Elsa prit 186 corneilles et 123 grouses sans compter des proies diverses et se perdit à Langwell dans l'automne de 1891.

Vesta, un faucon niais déniché à Culvercliffe dans l'île de Wight, s'est montré excellent oiseau pour grouse, mais il n'avait pas le grand style des passagers, ses compagnons de perche. Il prit un grand nombre de grouses, sans compter des perdrix et des pièces diverses, fit neuf déplacements en Écosse, prenant avec une moyenne de 33 pièces par saison et mourut dans l'hiver de 1890.

A Parachute revient en 1882 le remarquable record de 146 pièces, dont 57 grouses, 76 perdrix, 5 faisans, 3 lièvres et 5 pièces diverses. C'était un oiseau calme, docile, montant très haut et facile à conduire ; aussi son vol était-il des plus meurtriers. Il avait deux ans lors de ce tableau exceptionnel. N'oublions pas encore Adrien parmi les faucons de grande allure.

The Earl et The Doctor furent deux excellents tiercelets de passage dressés en 1873. Ce sont les deux seuls faucons dressés que nous ayons vu réussir le vol du vanneau au printemps. Cabra et Meteor ont été parmi les meilleurs pour la pie et le perdreau ; Shamrock et Shillelagh, deux tiercelets dénichés en Irlande, étaient aussi merveilleux pour la façon dont ils se portaient secours dans le vol de la pie, combinant leurs efforts de telle sorte que Margot pouvait rarement leur échapper. Deux ou trois ans après nous eûmes encore Bucaneer et Meteor auxquels nous avons vu prendre 44 pies en 13 jours. Sans aucun doute ces hauts faits ont leurs analogues dans plus d'un équipage particulier et nous ne les citons que pour montrer ce qu'il est possible d'obtenir de nos jours avec des oiseaux bien mis auxquels on consacre les soins et le temps qui sont indispensables pour mener à bien quelque genre de sport que ce soit.

Les membres du Old Hawking Club en 1890 étaient : Lord Lilford, M. F. Newcome, le Rev. W. Newcome, M. W. H. Saint-Quintin, le Comte de Londesborough, M. B. H. Jones, le Duc de Saint-Albans, le Duc de Portland, l'Hon. T. W. B. Portman, le Colonel Watson, M. A. Newall et l'Hon. G. Lascelles faisant fonction de secrétaire et de maître d'équipage. Les membres honoraires étaient : l'Hon. Cecil Duncombe, l'Hon. G. R. C. Hill, le Colonel Brooksbank, et M. F. H. Salvin.

Le club a cherché à encourager la pratique de la fauconnerie par l'entretien d'un vol de premier ordre pour tous les genres de voleries ; il a permis à des jeunes gens d'apprendre le métier sous les ordres d'un fauconnier capable ; il a fourni tous les ans aux amateurs des oiseaux bien mis lorsqu'il réforme une partie de l'équipage pour y faire place à la nouvelle remonte d'oiseaux passagers. De cette façon ont été encouragés les débuts de plus d'un amateur auquel on a pu épargner les écoles, malheureusement trop fréquentes, lorsqu'un novice s'est mis en tête de *se* dresser un faucon pour voler, et quoiqu'il ne soit pas tout à fait aussi facile de se servir d'un oiseau, même dressé, que de tourner la manivelle d'un orgue de Barbarie, bien des déboires ont pu être évités, dont la mort de l'élève et le découragement du maître ne sont pas les moindres.

Nous complèterons ce chapitre du *Traité de Fauconnerie* de l'Hon. G. Lascelles en disant que pendant le déplacement de printemps de l'année dernière, les faucons du club ont pris 133 corneilles et corbeaux, 24 pies, 3 courlis de plaine et 2 pièces diverses dont un vanneau. Au mois de septembre, dans un déplacement auprès de Liverpool, ils ont pris 19 mouettes sur 26 vols. Pendant l'automne, les perdrix étaient si peu nombreuses dans la localité où le club avait été faire des vols de gibier, que l'on dut arrêter après deux ou trois semaines de chasse infructueuse, tandis qu'en 1901 les oiseaux avaient fait

77 prises de perdrix. Pendant ces dernières années, l'occasion ne s'est que rarement présentée de faire des vols de grouse, le prix exorbitant auquel se font aujourd'hui les locations de moors n'ayant pas permis de louer une chasse où l'équipage aurait pu déployer son activité.

Les membres actuels du club sont pour l'année courante :

Membres : MM. W. H. Saint-Quintin, B. H. Jones, J. K. Fowler, N. Heywood, le comte de Sefton, le capitaine Noble, C. Garnett et l'Hon. Gérald Lascelles, secrétaire honoraire.

Souscripteurs : William Duncombe, R. Heywood, H. Talbot, G. Thursby, G. Wardle, E. B. Michell.

Membres honoraires : F. H. Salvin, le colonel Brooksbank, le capitaine S. F. Biddulphe, F. Newcome, Pierre-Amédée Pichot, Alfred Belvallette.

Fauconnier en chef : George Oxer.

LE COLONEL THORNTON

EN FRANCE, SOUS LE CONSULAT

La *Société protectrice des Animaux* a procédé dernièrement, dans une séance solennelle, à la distribution des prix et médailles qu'elle décerne chaque année aux bienfaiteurs de ses protégés. Parmi les lauréats, nous avons remarqué une dame « qui paie l'impôt des chiens qui se trouvent sans asile » et un servant d'artillerie « qui se prive, pour partager sa ration de pain avec ses chevaux ». Ces actes méritoires partent assurément d'un bon naturel, mais on se demande s'ils ne sont pas tant soit peu la résultante d'une perversion du sens commun et si les ressources de ces tant bienveillants bêtophiles ne pourraient pas être mieux employées qu'à encourager le vagabondage chez la gent rabique, ou à détourner de leur affectation naturelle les rations de l'intendance. Le colonel Thornton, tout grand chasseur qu'il fût devant l'Éternel et devant ses contemporains de la fin du dix-huitième siècle (qui n'étaient pas « fin de siècle » du tout), entendait autrement la protection des animaux. Il était particulièrement hostile à la coutume, qui régnait beaucoup alors, de ferrer les chevaux à chaud au lieu de leur parer convenablement la corne. Un jour qu'il s'aperçut que le maréchal-ferrant de son endroit, dans le Yorkshire, avait, au mépris de ses prescriptions, appliqué un fer rouge au sabot de son hunter favori, il lui fit savoir que si jamais il recommençait, il lui appliquerait à son tour un fer rouge sur certaine partie de son individu. Et c'est qu'il tint parole, car à quelque temps de là, ayant pris sur le fait le malheureux industriel, avec l'aide de son groom il lui fit mettre culotte bas et le marqua comme il l'avait dit, ce qui, pendant longtemps, dut l'empêcher de s'asseoir.

C'était un type bien singulier que ce chasseur exubérant et primesautier, le châtelain de Thornville-Royal dans le Yorkshire, qui fit les beaux jours du monde sportif, en France aussi bien qu'en Angleterre, comme on en peut juger par la série de lettres que le colonel Thornton adressa à son ami le comte de Darlington pendant le cours d'un voyage qu'il fit en France sous le Consulat, et que nous avons publiées en 1894 (janvier à juin) dans la *Revue Britannique*. Les Anglais venaient beaucoup en France à cette époque, lorsque la conclusion de la paix d'Amiens leur rouvrit les portes de la capitale et les ports du continent si longtemps fermés par la Révolution sanglante. En cette année 1802, Anthony Merry, le ministre d'Angleterre, avait calculé que pendant l'été plus de cinq mille Anglais avaient visité Paris. Mais la curiosité de voir se lever l'astre radieux de Bonaparte sur les ruines encore fumantes de la Révolution, n'avait pas été le seul objectif du colonel Thornton. Après avoir mené dans son pays natal une existence fastueuse, il s'était tant soit peu aliéné le bon vouloir de ses compatriotes par ses idées avancées ; le parti tory, très hostile à la France, était alors au pouvoir, et le colonel Thornton, tout en restant très loyal et très fidèle sujet de Sa Majesté Georges III, passait pour un révolutionnaire. Aussi pensa-t-il à venir se fixer sur le continent et à profiter de la dépréciation des domaines abandonnés depuis si longtemps, pour acheter un vaste territoire où il pourrait utiliser ses connaissances techniques en agriculture et en élevage.

Le déplacement du colonel fit sensation même en Angleterre, car il voyageait avec un train de prince. Il avait fait construire une voiture spéciale pouvant contenir la meute qu'il emmenait avec lui, une dame de compagnie et ses domestiques; il était escorté, en outre, d'un artiste de mérite, M. Bryant, attaché à sa personne, et chargé de prendre des vues et des croquis des pays qu'il traversait. C'est ainsi que dans des temps plus rapprochés de nous, nous avons vu le comte d'Osmond exécuter ses fameux voyages en voiture à travers la France et l'Allemagne.

Le *Journal de Rouen* du 27 prairial an X recevait d'un de ses correspondants de Londres une lettre ainsi conçue : « L'empressement de nos compatriotes pour passer en France ne fait que s'accroître, ce qui choque beaucoup la secte anti-gallicane. Le 3 de ce mois, vingt-quatre gentilshommes et six dames s'embarquèrent sur le navire *Élisabeth*, à Brighton, pour Dieppe. Un carrosse et quatre chevaux, une meute de chiens courants appartenant au colonel Thornton, furent embarqués sur le navire. L'affluence des curieux qu'avait attirés cet embarquement était considérable ; mais ce qui amusa extrêmement les spectateurs, ce fut la répugnance obstinée que montrèrent les chiens à passer à bord du vaisseau. Il y en eut un que rien ne put contraindre à entreprendre le voyage, et que l'on fut obligé de laisser derrière. »

Ces chiens étaient des fox-hounds d'excellente race; il y avait encore un pointer nommé « Carlo » remarquablement dressé, et un terrier « Vixen », qui suivait brillamment les laisser-courre. Le colonel ne tarda pas à utiliser son équipage, car dès son arrivée à Rouen il est accueilli à bras ouverts par les veneurs normands, qui lui font chasser loup et sanglier dans les forêts environnantes.

La Révolution n'avait pas aussi complètement entravé les exercices cynégétiques qu'on serait porté à le croire, et plusieurs équipages avaient continué à chasser, même pendant la Terreur ; tel, par exemple, celui de cette fameuse chasseresse du Pas-de-Calais, la baronne de Draeck, qui purgeait le pays de Brédenarde de six cent quatre-vingts loups, tandis que les patriotes faisaient monter sa famille sur l'échafaud ! A Rouen, le colonel Thornton rencontra un autre fameux louvetier, le marquis du Hallay, qui, incarcéré pendant la Terreur, avait été mis en liberté sur les instances des habitants de son département réclamant son secours contre les loups devenus redoutables pendant sa captivité.

C'est ainsi que chassant et festoyant dans les châteaux où il est admirablement accueilli, car il avait pu rendre de nombreux services aux émigrés pendant la Révolution, le colonel arrive à petites journées à Paris. Il fait une description fort intéressante de la capitale, où il retrouve à chaque pas les traces de la tourmente révolutionnaire, et se fait présenter, non sans peine, au premier Consul, dont la légation britannique cherche à écarter tous les Anglais de passage à Paris. Le récit des négociations du colonel pour pénétrer aux Tuileries est tout à fait original; il en sort très enthousiaste de Bonaparte, qui ayant compris tout le parti qu'il y avait à tirer de la résolution de ce riche Anglais de transporter son établissement en France, donne ordre aux ministres de favoriser les acquisitions de propriétés qu'il voudra faire. Le colonel obtient donc l'autorisation de parcourir la France en chassant dans les domaines nationaux, et il se rend en Touraine, où perdreaux rouges, chevreuils, loups et sangliers tombent sous le plomb des fusils à vent, des carabines à un et à plusieurs coups, dont il a emporté tout un attirail. De la Touraine, il remonte dans l'Est, traverse la Champagne et visite certaines provinces allemandes, alors françaises, puis revient à Paris, et consacre un long examen à Chantilly avant de retourner voir la fameuse résidence du marquis de Choiseul, Chanteloup, qui le tenta particulièrement.

Le colonel avait visité Chantilly avant la Révolution, et il avait conservé des notes bien curieuses relevées sur le livre de chasse des Condé. De 1748 à 1779, près d'un million de pièces avaient été abattues, se décomposant ainsi : lapins, 587,580; perdreaux, 117,574; faisans, 85,193; lièvres, 77,750; cailles, 20,144; perdreaux rouges, 12,246; cerfs et daims, 10,158; sangliers, 1,932, etc., etc. On pense si le colonel trouva des changements dans ce fameux rendez-vous de chasse, et il constate partout, d'ailleurs, les ravages faits par les braconniers qui, dans quelques contrées, ont complètement anéanti la faune sauvage, si bien qu'à certain passage de son journal, le voyageur note la rencontre de deux oisillons comme un phénomène tout à fait extraordinaire.

La bonne humeur et l'entrain qui règnent dans toute cette

correspondance de chasseur, où la chasse n'occupe pas cependant la première place, sont choses tout à fait plaisantes. Ce brave Anglais est un bon vivant dans toute la force du terme, et fait preuve d'un excellent estomac; il ne manque pas une occasion de faire honneur à nos vins de Champagne ; il déguste en fin connaisseur les crus spéciaux des pays qu'il traverse, et constate à propos l'excellence de notre gibier et la finesse de nos poissons. Il donne ses impressions au naturel et sans souci de passer à la postérité, et l'on regrette qu'il n'esquisse qu'au courant de la plume les portraits des grands personnages qu'il a eu l'occasion de fréquenter : le premier Consul, le général Moreau, le général Mortier, Duroc, Cretet le Conseiller d'État directeur des travaux publics, M. de Luçay le préfet du palais, alors possesseur du beau domaine de Valençay que devait acquérir plus tard le prince de Talleyrand. Ses petits tableaux de genre sont enlevés avec un esprit et une touche d'humour qui rappellent le *Voyage sentimental* de Sterne. Y a-t-il rien de plus piquant que le portrait suivant qu'il trace d'un de ses postillons :

« Notre postillon, septuagénaire d'une taille gigantesque (6 pieds 2 pouces), portait une veste noire, un gilet rouge, une culotte verte et des guêtres qui avaient la prétention d'être blanches ; son chapeau haut de forme et à larges bords brillait d'un éclat surprenant dont on cessait de s'étonner lorsqu'en regardant ce meuble de plus près on s'apercevait qu'il était en fer-blanc et que les rubans dont il était orné étaient en métal. Son fouet avait bien trois mètres de long. Je causai quelques instants avec cet étrange type, qui ne me parut manquer ni de bon sens ni de politesse. Après être resté plusieurs années au service, il était allé en Amérique, mais il préférait à tout le clocher de son village. Il nous affirma que son chapeau était aussi précieux pour garantir de la pluie que des rayons du soleil, mais que, vu sa rigidité, il était obligé de se l'attacher sous le menton par une gourmette pour qu'il ne fût pas emporté par le vent. Il déclara en outre qu'il avait été bien résolu à ne jamais se séparer d'un ornement aussi confortable, mais que, du moment que Mme T... lui avait fait l'honneur de l'admirer, il ne pouvait faire moins que de le lui offrir, ajoutant avec une galanterie toute française, qu'un si joli chapeau siérait admirablement à une aussi jolie femme, et, ce disant, sa physionomie s'éclaira d'un sourire qui le rajeunit de cinquante ans. »

Inutile de dire que Mme T... se fit un scrupule d'accepter l'offre aimable de son automédon qui, un peu plus loin, interpellé par le colonel sur les causes d'un arrêt brusque de l'équipage, répond avec un flegme imperturbable : « Ce n'est rien, Monseigneur, je vais seulement lâcher de l'eau. » Comme il n'y avait pas à discuter, ajoute le colonel Thornton, je me bornai à le prier, s'il éprouvait encore quelque besoin du même genre, à m'avertir en temps utile, ce à quoi il répondit avec le même calme : « Oui, Monseigneur ! »

L'aimable compagne dont le colonel avait si peur de voir effaroucher la pudeur britannique, est désignée par une initiale dans le récit de son voyage, mais les recherches de M. Wilmot-Dixon, l'historiographe des célébrités du turf et de la chasse, ont soulevé le voile recouvrant sa personnalité. La reine des somptueuses réunions de Thornville-Royal, était la fille d'un petit horloger de Norwich. Un jour que le colonel passait à travers cette ville, à la tête de son brillant état-major, Alicia Massingham avait été séduite par l'éclat de l'uniforme et..... avait suivi le régiment. Elle n'avait pas été seule à quitter le domicile paternel, car tandis qu'elle s'attachait au colonel, sa sœur Amélia s'amourachait d'un de ses compagnons d'armes, le capitaine Flint. Les deux sœurs également belles, rivalisèrent à partir de ce moment en luxe et en extravagances, mais Alicia avait l'avantage d'être une écuyère de première force, avec laquelle aucune femme de son époque n'aurait pu lutter. Lorsqu'elle revint de France en 1804, elle courut à York, contre son pseudo beau-frère, un match de 1,500 guinées, au grand émoi du monde sportif ; il fallut réquisitionner un escadron du 6e dragons pour maintenir les curieux. Pour cette circonstance, Alicia avait revêtu un ravissant costume d'amazone : corsage en peau de panthère, manches bleues et jupe beige. Son opulente chevelure blonde avait été emprisonnée avec peine sous une cape ajustée en velours bleu, et un murmure d'admiration s'éleva du champ de courses lorsqu'elle parut sur son cheval Zingrello, que Thornton conduisait par la bride. Son adversaire, le capitaine Flint, n'eut pas la galanterie de la laisser gagner, et profitant de ce que le cheval de la belle centauresse était tombé boiteux après avoir mené le train pendant trois milles avec une grande avance, il reprit la corde et arriva premier au poteau. La rage d'Alicia ne connut point de bornes ; dans une lettre adressée aux journaux, elle provoqua de nouveau le capitaine. Celui-ci ne crut pas prudent de relever son défi et lui conserva rancune des termes de sa réclamation ; une année plus tard, à la suite d'une nouvelle course, où Alicia avait battu le vétéran des jockeys de l'époque, Franck Buckle, il se prit de querelle avec le colonel et le cravacha si brutalement qu'on eut de la peine à empêcher la foule de lui faire un mauvais parti ; le grossier agresseur dut fuir sous les huées générales.

Alicia suivit longtemps la fortune du colonel, éblouissant la ville de Londres par la splendeur de ses équipages ; elle conduisait à quatre, notamment une voiture si haute, construite sur le modèle des péniches de la Tamise, qu'il lui fallait une échelle pour grimper sur le siège. Un jour vint qu'elle changea d'arme et se fit enlever par un jeune officier de marine possesseur d'une fortune considérable; elle se chargea, sans doute, de la dilapider, comme elle avait aidé le colonel à manger la sienne, ce dont elle ne lui avait pas d'ailleurs conservé la moindre reconnaissance, car plus tard, à l'occasion d'un procès, elle se déchaîna dans une lettre rendue publique contre son ancien protecteur, avec toute l'acrimonie dont son caractère violent et passionné était capable.

Pour le moment, nous trouvons Alicia Massingham voyageant paisiblement en France, sous l'initiale de Mme T... et se scandalisant fort, sans doute, avec notre sportsman, du décolleté des toilettes françaises des élégantes habituées de Frascati et du sensualisme de la valse allemande, qui préludait alors à son tour du monde, comme le cake-walk à notre époque. Lord Byron ne devait-il pas protester à son tour contre la valse dans cette ode ironique où le chantre de *Don Juan* réclame l'extinction des lumières pour ne pas avoir à rougir :

« . . . . put out the light.
Methinks the glare of yonder chandelier
Shines much too far... or I am much too near ! »

La rupture de la Paix d'Amiens vint empêcher la réalisation des projets du colonel, mais il retourna en Angleterre emportant de ce voyage une telle admiration pour notre pays, qu'après la chute de l'Empire il revint s'y fixer. Il loua alors le domaine de Chambord à la princesse de Wagram, et fit meubler tant bien que mal le pavillon de l'Horloge du château, où il s'établit, dit un historien de la demeure royale, avec une jeune dame qui n'était pas de sa famille, mais qui eut la bonté de venir faire les honneurs de sa maison comme naguère Alicia Massingham [1]. Merle raconte qu'une nombreuse compagnie de joyeux viveurs se réunissait alors chez le colonel, et qu'une partie de la nuit se passait à sabler le claret et le bourgogne, le porto et le sherry aux refrains chantés à pleine gorge du *God save the King* ou du *Rule Britannia.*

Le colonel Thornton ne séjourna guère plus de deux ans à Chambord ; après avoir résilié son bail dont il ne remplissait pas les conditions, il se retira au château de Pont-le-Roi, que Madame Mère avait habité jusqu'en 1814 et que les troupes du prince Royal de Wurtemberg venaient de piller et de dévaster. Le colonel acheta ce qui en restait en 1817 et le revendit en 1821 à M. Casimir-Perier père, premier de la génération d'hommes d'État hier encore au pouvoir et dont la famille possède toujours ce domaine.

C'est de là que notre colonel écrivait en 1821 à un de ses amis, pour démentir le bruit de sa mort, qui avait couru en Angleterre : « Mon brave confrère en saint Hubert, c'est aujourd'hui le jour de Noël et, depuis ma plus tendre enfance, j'ai toujours consacré cette fête à la joie et à l'hospitalité, m'efforçant de rendre heureux tous ceux qui m'entourent dans la limite des moyens que Dieu m'a départis. Quand je ne souffre

1. *Chambord,* par J.-T. Merle. Paris, Urbain Canel, 1832.

LE COLONEL THORNTON VOLANT LE HÉRON.
(D'après la planche dédiée aux « Gentlemen » du « Falconer's Club ». — 1780.)

pas, nul ne peut supporter plus allègrement le poids des ans ; malheureusement, les genoux et les pieds ne sont plus bien solides. L'estomac est invincible ; j'ai toujours bon appétit ; je mange trois fois par jour ; thé, grillades et bœuf salé à neuf heures du matin ; à deux heures, volaille ou gibier rôti et une bouteille du meilleur vin blanc de Bourgogne. Je dîne à cinq heures et je termine le repas par une bouteille de vin et deux ou trois verres de grog léger ; puis je me couche et je dors mieux que je n'ai jamais dormi de ma vie. Voilà qui n'est pas mal, direz-vous, pour un homme mort ! Je me lève à huit heures pour recommencer. Mon sommeil n'est troublé que par les rêves les plus agréables. J'attends du sanglier dont notre ami B... aura sa part. Dites aux journaux qui font courir le bruit de ma mort qu'hier j'ai donné à dîner à une douzaine de veneurs. Bœuf rôti, plum-pudding, pâté d'oie pour menu. Nous sommes restés à table à chanter jusqu'à deux heures et à minuit nous avions fait venir deux volailles rôties et transformé en punch une bouteille de vieux rhum. Personne n'a roulé sous la table et je me lève ce matin mieux dispos que jamais. »

Nous avons eu la bonne fortune d'acquérir une partie des lettres que le colonel Thornton écrivit à ses amis d'Angleterre pendant cette seconde résidence en France et nous espérons pouvoir les publier un jour pour compléter le recueil des lettres au comte de Darlington qui n'embrasse que le voyage de 1802. Dans cette première publication nous avons éclairci par des annotations certains passages qui concernent les différentes résidences que visita le colonel et les personnages qu'il fréquenta. Ainsi le gigantesque bois de cerf que le colonel admira à Amboise n'était qu'un simulacre en noyer exécuté par ordre de Charles VIII. En 1871, les Allemands le chargèrent dans leurs fourgons, mais il fut brisé en plusieurs morceaux pendant le trajet d'Amboise à Blois.

Le colonel Thornton mourut à Paris, le 10 mars 1823, âgé de soixante-quinze ans, dans l'appartement qu'il occupait alors rue de la Paix. Grand amateur de beaux-arts, ce grand original avait réuni dans sa résidence en Angleterre une très remarquable collection de tableaux qu'il commandait aux peintres en renom de son époque. Lui-même, en ses fonctions de maître d'équipage, est représenté sur le cheval blanc dans le fameux tableau de Reinagle connu sous le titre de « Débuché du Renard ». La photographie de la gravure de ce tableau par Smith, a figuré à l'Exposition du Centenaire dans la belle série d'épreuves exécutées par le comte de Puyfontaine pour illustrer l'Histoire de la Fauconnerie et fait aujourd'hui partie de la galerie de chasse et de pêche du Jardin d'Acclimatation où l'on peut également voir deux autres portraits du célèbre chasseur; dans l'un, il est représenté avec son fusil à huit coups et dans l'autre il porte sur le poing son fameux faucon « Sans Quartier ».

Nous avons été surpris de ne rencontrer dans les lettres du Président de *la Confédération des Fauconniers*, autrement dit *the Falconry Club*, que de lointaines allusions à la chasse au vol pendant son voyage en France où il avait emmené ses oiseaux aussi bien que ses chiens, tandis que dans son voyage en Écosse (Northern Tour), il parle fréquemment de ses vols et de ses fauconniers. Un singulier hasard de nos recherches chez les bouquinistes a fait tomber entre nos mains un exemplaire d'un vieux traité de fauconnerie de Latham (1615) ayant appartenu aux fauconniers du colonel dont il porte les signatures : *William Lawson* et *William Crosly* avec la date du *29 décembre 1781*. Inutile de dire que nous considérons ce vieux bouquin comme une des curiosités de notre bibliothèque.

LORD LILFORD

Pendant une des phases de sa lutte contre l'Église d'Angleterre qu'il voulait ramener au catholicisme, le roi Jacques II vit se dresser contre lui les évêques mêmes qu'il avait pensé rallier à sa cause par le célèbre Édit de tolérance dont il leur avait prescrit la lecture dans chacune de leurs paroisses et qu'il leur avait ordonné de répandre dans leurs diocèses. On sait comment sept de ces prélats, sous la présidence du primat Sancroft, archevêque de Cantorbéry, résistèrent à l'injonction royale qu'ils regardaient comme inconstitutionnelle et comment leur procès, qui eut lieu à Westminster, le 29 juin 1688, se termina par un acquittement que saluèrent les acclamations d'une foule considérable attendant avec impatience le résultat du jugement. Le Procureur général chargé de requérir contre les illustres délinquants et dont l'attitude impartiale et modérée contrastait avec les fureurs haineuses du sanguinaire Jeffreys et avait assuré leur acquittement, était un magistrat descendant d'une vieille famille du pays de Galles, Sir Thomas Powys, dont Matthieu Prior a pu dire que la seule question qu'il n'avait pas fait résoudre était de savoir quel était le plus grand en lui de l'avocat ou du juge [1].

Au commencement du XVIIIe siècle, ce jurisconsulte éminent quittait sa résidence du Shropshire pour se fixer dans le Northamptonshire, au manoir de Lilford qu'il venait d'acquérir des héritiers de la famille Elmes et son arrière-petit-fils fut créé pair avec le titre de baron Lilford sous le ministère de William Pitt, en 1797.

1. Epitaphe du tombeau de Sir Thomas Powys dans l'église de Thorpe Achard à Oundle.

Le quatrième Lord Lilford est mort le 17 juin 1896 président de l'Association des Ornithologistes de la Grande-Bretagne (*British Ornithologists' Union*) ayant contribué par de nombreux travaux à l'avancement des sciences naturelles pour ce qui a rapport à l'observation et à l'étude des mœurs des oiseaux, et ayant, comme membre du Old Hawking Club et fauconnier émérite lui-même, entretenu les traditions de « l'art de haute et basse volerie » en Angleterre.

A l'exemple des anciens qui consacrèrent, dans leur Panthéon, un autel aux dieux inconnus, il semble que chacun de nous puisse compter aussi parmi ses Lares un certain nombre d'amis que nous ne connaissons pas, mais vers lesquels nous nous sentons attirés par des sympathies mutuelles et des goûts communs, dans l'atmosphère desquels nous nous plaisons à vivre, dont l'exemple nous inspire et qui président aux actes de notre vie. Tels ont été pour moi, entre autres, le grand voyageur-naturaliste Charles Waterton (de Walton Hall) et Thomas Littleton lord Lilford.

Ce fut vers 1865, lors de nos premières tentatives pour faire refleurir en France l'art de la fauconnerie, que j'entrai en rapports, par correspondance, avec lord Lilford. Il traversait alors rapidement Paris pour se rendre en Espagne où il allait entreprendre les études et les recherches ornithologiques sur l'avi-faune de la péninsule qui lui ont fourni la matière de tant d'articles intéressants dans le périodique *L'Ibis*. Depuis cette époque, quoique n'ayant jamais perdu le contact, nos voies ne se croisèrent point et lord Lilford est mort sans avoir jamais soupçonné, sans doute, le culte que lui avait voué son alors jeune correspondant. Maintes fois j'ai eu le bonheur de pouvoir procurer à mon sympathique inconnu les oiseaux de notre pays dont il désirait enrichir les collections de ses volières. Le Marché aux Oiseaux de Paris, alors florissant au grand détriment des espèces autochtones avant qu'on ne se fût décidé à leur accorder une protection efficace, était mis à contribution pour fournir Lilford Hall de loriots et de huppes, d'autours et de buzards ; je devins l'intermédiaire de mon correspondant ornithologique auprès des ménageries et des amateurs de ma connaissance, et je fus même une fois chargé pendant un voyage en Algérie de retrouver un des pourvoyeurs du noble lord pour prendre livraison de certaines espèces africaines (*Alauda Clot-Bey* et *Alauda bilopha*) qu'il avait réunies pour lui. Je me souviens qu'en cette circonstance, m'étant imprudemment égaré à la recherche du susdit piégeur, un sieur Augeard, sur les terrasses à ciel ouvert des maisons d'Oran qui communiquaient toutes les unes avec les autres, je me trouvai inopinément au milieu d'une réunion de mauresques et de gitanes se livrant, aux sons des derboukas et des guitares, à leurs danses échevelées et auxquelles j'eus quelque peine à expliquer l'objet ornithologique de ma visite et la pureté de mes intentions. Troublées dans leurs ébats chorégraphiques par un naturaliste étranger qui tombait du ciel au milieu de leur gynécée, ces bacchantes orientales furent bien près de me faire subir le sort d'Orphée ! . . . .

D'un second mariage avec la fille de Sir Philip Meadows, ambassadeur à la cour de Portugal, le procureur général du procès des évêques de 1688, Thomas Powys, avait eu deux enfants dont le plus jeune, par son alliance avec une fille de Richard Lybbe, de Hardwyck house, en 1730, devint la souche d'une autre branche de la famille Powys. Son fils, Philip Lybbe Powys épousa cette Caroline Girle qui a laissé un si intéressant journal [1] d'après lequel nous avons pu naguère placer sous les yeux des lecteurs de la *Revue Britannique* un pittoresque tableau de la société anglaise du dix-huitième siècle [2]. Dans ses correspondances et ses mémoires, lord Lilford, à l'encontre de sa parente, s'est plus occupé des oiseaux qu'il rencontra, soit autour de sa demeure, soit dans ses voyages, que des us et coutumes de ses contemporains. Pendant ses années d'école, il s'était montré plus ardent aux choses du sport et de l'histoire naturelle qu'assidu à se pénétrer des subtilités du rudiment; il n'en fit pas moins preuve d'une grande aptitude pour les langues latines et s'était particulièrement épris

1. *Passages from the Diaries of Mrs Philip Lybbe Powys.* Un vol. in-8, Longmans, Green and C° éditeurs, Londres, 1899.
2. *Revue Britannique.* Février 1900.

de l'espagnol qu'il cultiva pendant toute sa vie jusqu'à en posséder les idiomes provinciaux. « Don Quichotte » fut son livre de chevet et de nombreuses éditions du chef-d'œuvre de Cervantès figuraient toujours parmi les volumes et les papiers dont sa table de travail était encombrée. C'est auprès de cette table, avec une bibliothèque tournante à la portée de sa main, que s'écoula une bonne partie de la vie de ce grand seigneur, car, destinée singulière pour un aussi fervent amateur du sport et un observateur si curieux de la vie des animaux sauvages, il fut de bonne heure cloué au logis par une goutte rhumatismale persistante. Pourtant son besoin d'activité resta tel, sa passion pour les spectacles de la nature était si irrésistible, qu'au moindre répit que lui accordait son ennemie invétérée il ne pouvait s'empêcher de courir le monde et on a vu ce sédentaire malgré lui suivre même des chasses de loutre dans le fauteuil roulant auquel il fut si longtemps condamné.

. . . .

Lord Lilford fut un des premiers adhérents du Old Hawking Club. Il avait été initié à la fauconnerie par M. E. Clough Newcome, ce vétéran du club du Loo, et, avec l'aide du vieux Paul Mollen et de Robert Cosgrave ses fauconniers, il réclama et mit sur l'aile plus d'un noble pèlerin et plus d'un infatigable autour. De ces derniers oiseaux, nous lui avons souvent envoyé des jeunes que nous faisions dénicher dans les forêts du Vexin ou de Saône-et-Loire, centres de nidification déjà réputés au moyen âge pour fournir de bonnes remontes à la Fauconnerie Royale et aux équipages renommés des ducs de Bourgogne, car l'autour a disparu depuis un siècle environ de la faune des îles Britanniques où les derniers sujets dont on ait eu connaissance furent ceux que le colonel Thornton fit dénicher dans les aires des forêts de Glenmore et de Rothiemurcus pendant son voyage en Écosse en 1804. Le vol de Lilford Hall ne faisait pas toujours venir de l'étranger les faucons dont il avait besoin et à diverses reprises ses fauconniers réussirent à prendre des oiseaux de passage au moyen de la hutte Hollandaise construite sur les plaines qui entouraient le manoir, où, comme sur les bruyères de Valkenswaard, une pie-grièche

LORD LILFORD.

servait à avertir le guetteur de l'approche de l'oiseau qu'il s'agissait de capturer.

Le châtelain de Lilford Hall avait une prédilection très marquée pour les oiseaux de l'ordre des rapaces dont il entretenait une très riche collection dans ses volières, et il possédait entre autres un couple de gypaëtes barbus, l'immense Lammergeyer des Alpes, vivant en liberté et ne s'éloignant pas de la demeure seigneuriale autour de laquelle c'était un spectacle saisissant de voir ces oiseaux, dont les ailes mesuraient près de trois mètres d'envergure, décrire leurs majestueuses girations.

Lord Lilford s'était beaucoup intéressé à un plan dont il avait été un instant question au Jardin d'Acclimatation pour présenter aux visiteurs une collection d'oiseaux de fauconnerie, ce qui rentrait beaucoup plus dans le cadre de cet établissement tel qu'il avait été conçu par M. A. Geoffroy Saint-Hilaire, que les ballons captifs, les serpents mécaniques, les phonographes et les acteurs en disponibilité que l'on y a depuis exhibés. « La meilleure manière de présenter ces oiseaux au public, m'écrivait-il, serait de les tenir en plein air, attachés sur des blocs ou sur des perches selon la méthode classique, mais pour réussir, il faudrait au moins un homme exclusivement occupé à les soigner et qui pourrait expliquer aux visiteurs l'usage des chaperons, des longes, des jets, des tourillons, du leurre et de tous les accessoires de la fauconnerie; il faudrait que les oiseaux fussent assez apprivoisés pour ne pas être effarouchés par la foule, ni par les toilettes des dames et autres apparitions tapageuses; enfin, si la Société disposait d'un terrain suffisant pour exercer ses pensionnaires au leurre, cela n'en vaudrait que mieux et pour les oiseaux et pour le public. » Hélas! ce projet que nous avions caressé avec amour ne fut jamais exécuté et ce n'est qu'à de longs intervalles, et en profitant du séjour momentané de quelque fauconnier de passage, que le Jardin d'Acclimatation a pu donner à ses visiteurs le spectacle si plein d'imprévu et d'élégance des exercices d'oiseaux dressés.

Lord Lilford n'avait pas treize ans et était encore au collège de Harrow, qu'il envoyait déjà au journal *the Zoologist*, le résultat de ses observations sur les mœurs des oiseaux du voisinage. Lorsqu'en 1859, la British Ornithologists' Union fut fondée, il devint un des collaborateurs les plus actifs de son organe périodique l'*Ibis* où il fit paraître notamment une charmante relation de sa croisière dans la Méditerranée sur le yacht *Zara*, de décembre 1873 à juin 1874, montrant dans ce travail, comme l'a dit un de ses biographes J.-E. Harting, combien un observateur consciencieux, même infirme, peut dans un cercle restreint enrichir le trésor de la science. Ne serait-ce pas aussi le cas de rappeler ce que disait Bossuet d'un autre illustre impotent, le comte de Fuentes, « qu'une âme guerrière est maîtresse du corps qu'elle anime ».

Les observations personnelles et sagaces qui fourmillent dans ses travaux impriment un caractère particulier aux écrits de lord Lilford ; il étudia sur place les faunes ailées des îles Ioniennes, de l'Albanie, de l'Épire, du Monténégro, et, en Espagne, où il fut souvent entraîné autant par les soins qu'exigeait sa santé délabrée que par une fascination irrésistible, il appela l'attention des naturalistes sur une faune jusque-là à peine explorée, ouvrant par ses investigations la voie aux recherches du lieutenant-colonel Irby, de M. Howard Saunders et de M. Abel Chapman. Nous relevons dans une de ses excursions scientifiques près d'Aranjuez la façon singulière dont il apprit la mort du président Lincoln par le fragment d'un journal espagnol qu'un milan avait fait entrer dans la construction de son nid.

En outre de ses nombreux articles dans les publications spéciales, lord Lilford laisse deux gros volumes sur les oiseaux du Northamptonshire [1] où il s'est surtout appliqué à décrire les mœurs des volatiles qui fréquentaient autour de sa résidence et que les crayons de Thorburn et de Lodge ont portraituré au naturel avec le talent qui distingue ces maîtres animaliers, mais il ne put terminer ce qu'il appelait avec complaisance sa « grande œuvre » une iconographie en couleurs des oiseaux des îles Britanniques encadrée d'un texte qui ne le cédait en rien

1. *Notes on the birds of Northamptonshire and neighbourhood,* illustrated by Thorburn et Lodge, 2 vol. in-8. Porter edit. Londres, 1895.

à l'illustration. Sa correspondance avec Thorburn et Lodge témoigne des soins minutieux avec lesquels il surveillait lui-même l'exécution des planches qu'il avait confiées aux meilleurs chromograveurs de Paris et de Berlin.

Ainsi il écrivait à Thorburn en lui envoyant une peau de pétrel des tempêtes : « Je voudrais que cet oiseau fût représenté volant dans les sillons d'une grosse mer si vous ne trouvez pas que cela soit trop difficile à rendre, autrement on pourrait le peindre frôlant les vagues, les pattes traînantes et les doigts bien étendus, comme s'il courait à la surface de l'eau, les ailes déployées. Ce que je voudrais faire ressortir, c'est le contraste frappant de ces petits oiseaux noirs se détachant sur le bleu sombre de la mer au milieu de l'écume des flots. » (29 nov. 1895.) Dans une autre lettre (19 mai 1893), c'est un dessin d'Orfraie qu'il critique comme étant trop lourd et ne donnant pas l'impression du caractère éveillé de l'oiseau. On voit comme les détails les plus minces en apparence, mais importants à l'œil du naturaliste, n'échappaient pas à son vigilant contrôle.

La fortune de lord Lilford, qui lui permit d'entreprendre ces publications luxueuses, venait souvent en aide aux débutants dans la carrière ardue des recherches scientifiques et ses libéralités s'étendirent sur les Sociétés dont il faisait partie, comme la Société Zoologique de Londres, la Société d'Histoire naturelle du Northamptonshire et l'Ornithologists' Union dont il fut longtemps président.

« Il semble, a dit le marquis de Foudras à propos de l'accident de chasse qui priva tout jeune encore de son poignet gauche notre ami le comte d'Osmond, que toute la vie du membre qui manque aux mutilés se réfugie dans leur cœur. » Cet axiome s'est aussi particulièrement vérifié dans le cas de lord Lilford, dont les infirmités, loin d'aigrir le caractère, ne firent que développer la bienveillance et la philanthropie. Dans la préface du livre qu'une sœur de lord Lilford a consacré à la mémoire de son frère et où elle a pieusement réuni quelques souvenirs intimes, l'Archevêque de Londres rend témoignage à l'esprit de charité dont ce grand impotent n'a cessé de donner tant de preuves. « Il fut, dit-il, un exemple remarquable de ce que peut la souffrance pour purifier et élever une âme d'élite. Fort de la possession d'une foi naïve, il envisageait avec un calme héroïque l'infortune où se trempait son caractère et se développait sa bonté. Son martyre lui révéla les inéluctables fatalités de la vie et il les regarda en face. Au lieu de devenir égoïste comme il arrive souvent, il s'oublia pour ne penser qu'aux autres. Ceux qui l'ont approché et qui ont vu errer sur ses traits altérés par la douleur le sourire où se reflétait une âme que les infirmités humaines ne pouvaient atteindre, ont certainement compris le sens des paroles de l'Apôtre lorsqu'il dit que Dieu perfectionna par la souffrance Celui qui devait conduire les hommes à leur salut[1]. »

Dans son charmant livre intitulé modestement *Mémoir*, la sœur de lord Lilford a cité de nombreux extraits de la correspondance de son frère, mais ce n'est, nous dit-elle, qu'un volume d'attente, car la vie et les travaux scientifiques de cet ornithologiste éminent fourniront la matière d'un ouvrage plus important. En attendant, on trouvera avec plaisir dans ce monument de piété fraternelle des illustrations en fac-simile d'un grand nombre des dessins pour lesquels Lodge et Thorburn ont fait poser les hôtes des volières et des faisanderies de Lilford Hall, et parmi ces portraits nous avons reconnu un buzard Montaigu à plumage noir que nous eûmes la chance de rencontrer dans un de nos dénichages d'oiseaux de proie, type rare d'une variation de plumage que nous avons constatée plusieurs fois.

Serait-ce l'ouvrage annoncé par la sœur de lord Lilford dans son *Memoir* qui vient de paraître sous le titre de : *Lord Lilford on Birds*[2], et qui contient le journal des explorations ornithologiques de son frère dans la Méditerranée avec la liste des espèces qu'il s'y est procurées ou qu'il y a observées? Au point de vue de la nidification et des passages d'oiseaux, il y a là des

1. Lord Lilford, *A Memoir by his sister with an introduction by the Bishop of London,* 1 vol. in-8, Smith, Elder et C°, éditeurs, Londres, 1900.

2. *Lord Lilford on Birds,* edited by Aubyn Trevor-Battye. 1 vol. in-8; avec illustrations de Thorburn. Hutchinson et Cie, Londres, 1903.

notes précieuses. Des extraits de correspondance et des observations prises sur le vif dans la Ménagerie de Lilford-Hall complètent ce que nous avions lu dans le *Memoir*, et les illustrations reproduisent, avec toute la fidélité de la photogravure, les habiles dessins de Thorburn. Dans cette œuvre posthume, nous trouvons un paragraphe très sensé sur le Sport auquel lord Lilford assigne de trop justes limites pour que nous ne le citions pas ici :

« Le mot Sport, dit-il, est intraduisible, et j'avoue que je le trouve également difficile à définir, mais je voudrais pourtant faire comprendre à quel point il est souvent mal appliqué et détourné de son véritable sens.

« Pour ce qui est, par exemple, du sport que j'ai le plus pratiqué, la chasse à tir, je vois que l'on qualifie souvent de *bon sport* un tableau considérable comme si les plaisirs d'une journée de chasse à tir ne consistaient qu'à massacrer des hécatombes de gibier. Mais je soutiens que nous pouvons atteindre à la plus haute jouissance sportive dans la chasse des animaux sauvages, sans que nos efforts aboutissent à la mort de l'animal, de l'oiseau ou du poisson que nous cherchons à prendre. Je dirai même que l'insuccès ne fait qu'augmenter les jouissances du véritable sportsman. En ceci je crois que tous les veneurs seront de mon avis, mais je crains de ne pas être aussi d'accord avec les tireurs et les pêcheurs. Si je considère la vénerie, la fauconnerie et la pêche à la mouche comme les plus hautes expressions de sport, c'est que, dans la chasse à courre, la science du veneur s'appuie sur l'emploi auxiliaire du cheval et du chien ; que, dans la fauconnerie, il faut se donner beaucoup de mal pour amener l'oiseau de proie à mettre ses instincts naturels au service de son maître, et que, pour bien pêcher à la mouche, il faut que l'habileté du pêcheur se double d'une connaissance approfondie des mœurs du poisson.

« Je respecte infiniment les goûts des amateurs du turf et des jeux athlétiques, mais je considère ces passe-temps comme des exercices plus ou moins agréables qui ne répondent aucunement à ce que je considère comme un sport dans la véritable acception du mot.

« Je veux bien que ce soit un plaisir de voir un lot de purs sangs bien montés se développer sur un champ de courses, qu'un bon match de cricket ou de foot-ball, une lutte chaudement disputée entre des yachts ou des yoles, soient pleins de charmes pour les spectateurs, mais il manque à ces luttes l'intérêt que le chasseur trouve à déjouer les ruses d'un animal sauvage, alors qu'il a toutes les chances contre lui, et c'est là, dans mon humble opinion, ce qui constitue l'essence même du Sport.

« Beaucoup de braves chasseurs de renard ne recherchent dans le laisser-courre qu'un prétexte à galoper à fond de train et à sauter des obstacles; il en est pas mal qui n'ont d'autre but que d'exhiber leurs talents équestres et d'humilier les camarades, mais il n'y a pas besoin de meute ni de renard pour en faire autant. Ce qui constitue le plaisir et la satisfaction du veneur qui connaît les mœurs de l'animal qu'il chasse et les instincts naturels de ses chiens, c'est d'empaumer une voie chaude ou de rapprocher une voie froide en donnant aux fonctions du cerveau de l'homme et de la bête l'occasion de s'exercer. »

Terrassé par la pénible maladie dont ses ascendants paternels et maternels, les Powys et les Fox, lui avaient transmis les germes et sur laquelle était venue se greffer, en juin 1896, une violente crise d'influenza, lord Lilford envisagea sans faiblesse et avec la confiance qu'il puisait dans ses sentiments chrétiens, les approches de sa fin prochaine; il entretint de ses dernières volontés la compagne dévouée qui avait entouré de tant de sollicitude sa santé chancelante qu'elle s'était même associée aux travaux de son mari. Le 17 juin, lord Lilford succombait dans cette résidence où il avait accumulé les collections et les livres qui avaient adouci son existence de valétudinaire, ayant marqué sa place dans le monde scientifique par ses travaux et ses libéralités et laissant à tous le souvenir d'un homme de bien auquel ses adversaires politiques même ont dû rendre justice.

LE MAJOR FISHER

Avec le siècle a disparu un des vétérans de l'art de la fauconnerie : le major Charles Hawkins Fisher, décédé le 26 octobre 1900, dans sa résidence près de Stroud, en Gloucestershire. Le 30 octobre, un grand concours d'amis accompagna à sa dernière demeure ce sportsman émérite, qui, pendant une longue existence de soixante-seize ans, avait brillamment tenu sa place dans tous les sports : la chasse à courre et à tir, les concours d'arc où il avait succédé à Horace Ford lorsque ce célèbre champion avait pris sa retraite et enfin la fauconnerie où il était passé maître, car ses vols de grouse, un des gibiers les plus difficiles à prendre sur les moors d'Écosse, ont fait l'admiration de tous les amateurs. Dans le cortège qui suivit cet homme de bien jusqu'à sa dernière demeure, figurait, comme en une cérémonie du moyen âge, son fauconnier James Rutford, portant sur son poing ganté l'oiseau favori de son maître. Frappé d'une paralysie partielle il y a quelques années, c'est sur son lit de douleur que Fisher dictait l'année dernière à son ami et compagnon de chasse Harting, les intéressants mémoires qui ont paru sous le titre de *Réminiscences d'un fauconnier*. Dans la préface de ce livre, Fisher raconte comment il s'éprit d'une vive passion pour l'art de la volerie si fâcheusement négligé par nos contemporains, précisément au moment où, par suite de diverses circonstances, le gibier devenant inabordable pour le commun des chasseurs, la fauconnerie pourrait procurer de si douces jouissances sportives à l'habitant des champs.

« Un jour, dit notre fauconnier, j'avais manqué un train à Thetford, dans le Norfolk, et ayant à attendre deux heures le passage du train suivant, je me mis à errer dans la campagne autour de la station. Cette région a une physionomie toute particulière ; les terres, sablonneuses à l'excès, ont si peu de cohésion que j'ai vu le vent arracher les jeunes racines de navets et on y rencontre souvent de grandes étendues de pins d'Écosse morts de faim et de soif dans ce sol ingrat. Mais ce pays sauvage constitue d'excellentes remises pour le gibier, car sous les arbres verts desséchés, une broussaille vigoureuse forme des abris sous lesquels lièvres et perdrix élisent volontiers domicile. Je m'étais engagé dans un sentier qui conduisait à un hameau isolé dont le nom m'était inconnu et apercevant une petite auberge pittoresque je m'apprêtais à y aller demander à déjeuner, lorsqu'à ma grande surprise je découvris à la porte de l'hôtellerie un cadre monté sur pieds et muni de bretelles dont nos ancêtres se servaient pour porter leurs faucons aux champs. Sur ce cadre, qui se nomme « cage » dans le langage technique, cinq ou six faucons chaperonnés étaient attachés par des longes. C'étaient des pèlerins de différents âges.

« Landseer a représenté une de ces cages dans un tableau fameux : *le Retour de chasse,* dont la gravure orne un des panneaux de ma bibliothèque. Pour ceux qui connaissent cette gravure, il peut être intéressant de savoir que le faucon chaperonné, qu'un fauconnier présente sur le poing ganté à l'enfant de lord Ellesmere, a été peint d'après un oiseau que je vis voler plus tard et qui posa pour le grand animalier, ainsi que d'autres oiseaux appartenant au duc de Saint-Albans, fauconnier héréditaire de la couronne d'Angleterre. Son fauconnier était John Pells, le fils du célèbre fauconnier hollandais, qui avait été au service de lord Berners, du duc de Leeds et de M. Clough Newcome, membres du Club de fauconnerie du Loo, lorsque cette Société célèbre florissait sous la présidence du prince Alexandre des Pays-Bas.

« Je demandai à l'homme qui se promenait devant le porche de l'auberge et qui paraissait surveiller les oiseaux, à qui ces faucons appartenaient ; il me répondit d'un ton bourru, qui n'invitait pas à la conversation, qu'ils étaient à « M. Pells ».

« J'entrai donc dans la salle et là dans une jolie petite pièce au parquet sablé, je trouvai deux hommes attablés et fumant leurs

M. et Mme G. Simonds. M. et Mme A. Newall. Le Major Fisher. J. Rutford, fauconnier

LE VOL DU MAJOR FISHER SUR LE MOOR A RIDDLEHAMHOPE

pipes ; l'un était évidemment l'aubergiste, l'autre devait être le fauconnier. « Ces faucons sont-ils à vous, demandai-je, et êtes-vous le fauconnier ? — Je suis, me répondit-il, maître fauconnier du duc de Saint-Albans, grand fauconnier d'Angleterre, à votre service. »

« J'appris alors que mon interlocuteur habitait pour le moment le petit village de Feltwell dans le Norfolk, à quelques huit ou dix milles de distance, et qu'il revenait de voler la perdrix sur les terres d'un gentilhomme voisin autour de Brandon et de Thetford, pays très découvert, sans beaucoup d'arbres ni de haies, admirablement adapté au vol de la perdrix qui, de l'avis de bien des fauconniers, ne le cède qu'au vol de la grouse.

« Enfant, j'avais eu de bonne heure mes idées tournées vers la fauconnerie par le cadeau que l'on m'avait fait d'un vieux bouquin intitulé *les Délassements du gentilhomme,* intéressante compilation où il est question de beaucoup de sports et qui est illustrée d'images bizarres, mais j'ignorais totalement à l'époque dont je parle (1858) que les traditions du beau vieux déduit de nos pères avaient été conservées dans les comtés de l'Est, dont bien des endroits sont si favorables à la pratique du vol, notamment du vol du héron, et je me doutais peu que je tomberais jamais sur un fauconnier en chair et en os et sur un équipage d'oiseaux en plein exercice de leur art.

« L'entrevue se termina comme on pouvait s'y attendre. Très excité par ce que j'avais vu et par ce que Pells promettait de me montrer, je télégraphiai à la maison que l'on n'eût pas à m'y attendre, et lorsque la séance dans la petite salle d'auberge fut levée, Pells envoya sa charrette légère prendre mon bagage à la station et nous étant tous empilés sur le devant de la petite voiture, hommes et oiseaux, nous prîmes lentement le chemin de Feltwell.

« Comme nous arrivions dans ce village, Pells me fit remarquer, avec une satisfaction évidente, trois ou quatre faucons perchés et immobiles sur les gargouilles de pierre de la vieille église. C'étaient des oiseaux niais, élevés en liberté complète, *au taquet,* comme on dit. Pensant que je m'accommoderais mal du confort rudimentaire de l'auberge de l'endroit, Pells et sa brave femme insistèrent pour m'installer chez eux, et, ce soir-là, après un bon souper, je pus m'endormir dans un bon lit, dans un petit village du Norfolk dont je n'avais jamais entendu parler, ayant pour ainsi dire sous la main le vol de faucons véritables dont j'avais si souvent rêvé.

« C'est ainsi que par pur hassard, je me suis trouvé lancé dans une voie nouvelle et que j'ai commencé un des chapitres de ma vie, dont l'intérêt pour moi ne devait cesser qu'à ma mort. »

Ce qu'a été la carrière de fauconnier du major Fisher, les lecteurs le trouveront dans son volume de *Réminiscences*. Ils y verront les portraits des fauconniers de la fin du dernier siècle que la photogravure a permis de reproduire au naturel, notamment celui de Jean Pells, une de ces braves figures de Hollandais à collier de barbe que le président Kruger a popularisées pendant ces derniers temps. Lettré et érudit, sachant par cœur le d'Arcussia aussi bien que la Bible, fort versé dans la littérature française dont il annotait en marge les livres de sa bibliothèque de l'originalité de ses impressions, Fisher était le plus agréable causeur que l'ont pût imaginer. C'était aussi le plus intarissable car sa mémoire n'était jamais à court de souvenirs et d'anecdotes. Que de fois nous l'avons vu pendant des heures entières tenir le dé de la conversation, se fatiguant toujours avant d'avoir fatigué ses hôtes, lorsqu'autour de la cheminée hospitaliére de son *shooting-box* sur les moors du Northumberland, nous repassions les événements de la journée ! Ce moor de Riddlchamhope était précisément placé sur les confins du Blanchand que Besant a choisi comme cadre d'un de ses plus jolis romans à la Walter Scott, *Dorothy Forster* et où les souvenirs historiques et pittoresques sont d'une évocation facile pour varier le thème des causeries pendant les longues soirées d'automne.

Cruellement éprouvé dans ses affections, Fisher avait reporté sur tous ceux qui l'approchaient les tendresses d'un cœur meurtri que soutenait une grande foi chrétienne, et il avait, sans doute, sur les lèvres, en mourant, la devise inspirée aux fauconniers du moyen âge mystique, par le chaperon de leurs oiseaux : *Post tenebras spero lucem !*

THOMAS J. MANN

Nous avons eu le regret d'apprendre, en 1897, la mort prématurée d'un des plus vaillants de cette petite phalange de sportsmen qui ont vaillamment maintenu jusqu'à nos jours les traditions de la fauconnerie. M. Thomas J. Mann est décédé le 25 août dans sa résidence de Hyde-Hall, Sawbridgeworth, Herts, Angleterre. La chasse à tir, la pêche et la fauconnerie avaient dans M. Mann un ardent zélateur, quoique la plus grande partie de son temps fût consacrée, comme de juste, aux soins qu'il donnait à la maison Mann, Crossman et Paulin, un des firms les mieux connus de l'Angleterre.

Chez nos voisins d'outre-Manche, les hommes d'affaires les plus sérieux, les industriels et les commerçants les plus occupés, trouvent toujours quelques heures à donner au culte du sport et à l'étude de la nature, qu'ils ne pratiquent pas en oisifs et en ignorants, mais en professionnels pour ainsi dire. M. Mann a collaboré à plusieurs journaux de chasse et d'histoire naturelle auxquels il a fourni des notes et des observations souvent très intéressantes, et à l'occasion d'une visite que lui firent en corps les membres de l'Essex Field Club, il donna lecture d'un travail très approfondi sur la Fauconnerie moderne, qui a été publié dans le volume de l'*Essex Naturalist* pour l'année 1888. Plusieurs des Faucons qui faisaient partie de l'équipage de M. Mann resteront célèbres, notamment un autour appelé *Ombre de la Mort,* lequel provenait des oiseaux que le Jardin d'Acclimatation a eu plusieurs fois l'occasion de fournir à cet excellent fauconnier.

M. Mann s'était beaucoup occupé de la conservation du gibier et de la répression du braconnage, étant membre du conseil de la *Field Sports Protection Association.* Il a patronné des échanges d'œufs de perdrix entre des contrées différentes, ayant remarqué que les compagnies ainsi transplantées étaient d'une santé supérieure à celle des oiseaux de la localité et il est de fait que, grâce à ce système, les tirés de M. Mann ont toujours fourni

TH. J. MANN ET SON FAUCONNIER H. CUTLER *(à sa droite).*

les perdreaux les plus pesants que l'on ait pu citer. Mais il était l'ardent adversaire des ventes d'œufs de gibier qui, selon lui, n'étaient que prétexte à braconnage et à rapines, les propriétaires de chasse étant trop souvent amenés, par ce genre de commerce, à acheter des œufs volés sur leurs propres conservations. M. Mann fut aussi un des premiers à introduire en Angleterre des quantités de perdrix de Hongrie grâce auxquelles les tirés de l'Angleterre sont aujourd'hui les plus peuplés et les plus beaux du monde.

La dernière lettre de M. Mann, publiée par le *Field* en février dernier, était datée de Cannes, où il était allé chercher en vain la santé ; mais une laryngite, qui minait sa constitution depuis longtemps, avait déjà provoqué de trop grands désordres pour qu'on pût l'enrayer et emportait, à l'âge de quarante-neuf ans, ce sportsman sympathique qu'un grand concours de population, venu des comtés voisins de Norfolk, de Staffordshire et de Berkshire, a accompagné dans un profond recueillement jusqu'à sa dernière demeure.

CECIL DUNCOMBE

Une jolie vignette, frontispice du troisième volume de l'*Histoire des Reines d'Écosse* d'Agnès Strickland [1], nous montre l'infortunée Marie Stuart en conversation avec John Knox au rendez-vous d'une chasse au vol dans les environs de Kinross, où la jeune reine avait convié son implacable ennemi pour discuter, loin des oreilles de la Cour devant laquelle ce sectaire farouche ne manquait jamais de traiter grossièrement avec sa souveraine les questions de religion alors pendantes. L'artiste a représenté le Réformateur tenant à la main la Bible qu'il venait de traduire et indiquant du doigt un de ces passages de l'Écriture auxquels il imprimait de si manifestes entorses pour les besoins de sa cause. Marie, à pied, à côté de son blanc palefroi, porte sur son poing ganté un tiercelet « gentil » coiffé de son chaperon à plumes. Il n'est peut-être pas très probable qu'en cette circonstance John Knox se soit promené dans les champs une grosse Bible à la main, ni que la souveraine eût conservé son oiseau sur le poing pour parler des graves questions en litige ; ce sont là licences d'artiste, mais la malheureuse princesse avait effectivement rapporté de son éducation à la cour de France un goût prononcé pour la fauconnerie et ce fut bien à une chasse au vol qu'eut lieu l'entrevue célèbre du 14 avril 1563 que l'illustrateur a voulu rappeler.

La jeune reine d'Écosse aurait eu de nombreuses occasions de satisfaire ses penchants cynégétiques dans son nouveau royaume, car l'art de la chasse au vol florissait dans la Grande-

1. *Lives of the Queens of Scotland by Agnès Strickland*, vol. III. W. Blackwood, edit. Londres, 1852.

Bretagne depuis l'ère de la domination saxonne, comme l'a exposé mon savant ami le secrétaire de la Société Linéenne. Dans l'étude dont il a fait précéder l'impression d'un manuscrit du temps d'Élisabeth découvert en 1886[1], sur le dressage de l'épervier et de l'autour, Harting rappelle qu'Ethelbert faisait demander, vers le milieu du VIIIe siècle, à saint Boniface, archevêque de Mayence, un couple de faucons pour voler les grues que l'on rencontrait alors fréquemment dans le comté de Kent, et que le bon roi Edouard *le Confesseur* et Henri Ier *Beauclerc,* comme tant d'autres princes et souverains du continent, n'avaient pas dédaigné de rédiger de leur main royale des traités sur la matière dont les auteurs cynégétiques s'inspirèrent dans la suite. Malheureusement, les troubles qui accueillirent la prise de possession du trône d'Écosse ne laissèrent guère à Marie Stuart le loisir de cultiver l'art de la fauconnerie, et peu d'années après son entrevue avec Knox commençait pour elle cette longue détention de dix-neuf ans qui ne devait se terminer qu'à l'échafaud.

Un des châteaux qui reçurent tour à tour l'infortunée prisonnière était, en 1584, le château de Tutbury, lugubre forteresse bâtie sur les ruines d'un castellum romain, au sommet d'un rocher à pic, sur les bords de la Dove, entre le Derbyshire et le Staffordshire. C'est là qu'elle eut à un moment pour gardien un gentilhomme du comté de Herts, sir Ralph Sadler, un des fauconniers de la Cour d'Angleterre. La vie à Tutbury, dans les vastes salles dégarnies de meubles et de tous les conforts de l'existence, devait être passablement misérable et aussi pénible pour les geôliers que pour leur captive. Marie trompait la longueur des jours en brodant ces devises à sens énigmatique si fort à la mode à cette époque, mais sir Ralph fit venir son équipage et finit par céder aux sollicitations de sa prisonnière de suivre les vols de ses faucons autour de sa sombre prison. Cette condescendance faillit occasionner la disgrâce du fauconnier d'Élisabeth ; il eut à se justifier de l'accusation portée contre lui par les ennemis acharnés de Marie Stuart, d'avoir voulu

1. *A perfect booke for Kepinge of Sparhawkes or Goshawkes.* B. Quaritch, édit., Londres, 1886.

préparer la fuite de la reine d'Écosse par ces chevauchées.

Fort bien en cour, ayant déjà exercé sous Henri VIII les fonctions de secrétaire d'État, sir Ralph Sadler avait reçu en cadeau de la reine Élisabeth le domaine d'Everley, sur les confins du Wiltshire dont les admirables plaines étaient particulièrement favorables à l'exercice de la fauconnerie, si bien qu'à environ trois siècles de distance, c'est par Everley que le Old Hawking Club de notre époque, commence son déplacement annuel sur les dunes. Le vieux manoir du fauconnier d'Élisabeth n'existe plus ; après avoir été successivement transmis des Sadlers aux Evelyns de Godstone, puis à la famille Barker, qui le vendit aux aïeux du propriétaire actuel le baronet sir Francis D. Astley, il fut presqu'entièrement détruit par un incendie en 1881, mais il a été rebâti et on y voit encore le portrait en pied de sir Ralph Sadler représenté dans le costume bleu de ciel des mignons de la Cour et tenant sur le poing un faucon dont le chaperon est enrichi d'un treillis de fils d'or. Ce portrait est attribué à Marc Gerhardt et a été reproduit dans l'*Histoire des Antiquités d'Hertfordshire*, de Clutterbuck, et dans le savant catalogue des ouvrages qui traitent de la fauconnerie qu'Harting a publié en 1891 chez Quaritch, sous le titre de *Bibliotheca Accipitraria*, où non moins de trois cent soixante-dix-huit ouvrages relatifs à ce sport spécial ont été soigneusement décrits.

Des agissements du Old Hawking Club sur les dunes du Wiltshire il est question dans d'autres parties de ce livre, mais Everley évoque pour nous des souvenirs plus précieux que ses souvenirs historiques, car c'est là, dans la jolie petite auberge de la Couronne, que, pour la première fois, en 1877, nous fîmes connaissance avec l'équipage qui a si merveilleusement contribué à maintenir, dans les temps modernes, les nobles traditions de l'art de la volerie et que nous avons noué avec les membres du club des relations qu'ont resserrées de longues années d'une si cordiale amitié, que je n'hésite pas à mettre la fauconnerie au premier rang des connaissances capables de rapprocher les hommes et de stimuler toutes les vertus sociales ! « *J'ai toujours cru cet exercice être en particulière recommandation aux âmes relevées* », a dit d'Arcussia dans son avis au lecteur et, de fait, est-il rien de plus propre que l'affaitage des oiseaux de vol qui exige tant de persévérance et d'observation, tant de patience et de douceur, à développer chez l'individu les qualités qui facilitent le commerce des hommes ?

J'arrivais à Éverley, sous les auspices du capitaine Salvin, dont le traité de fauconnerie est, avec le magnifique ouvrage du professeur Schlegel, une des plus précieuses contributions à l'histoire et à la pratique du noble déduit. J'étais accompagné d'un jeune camarade passionné, comme moi, pour le dressage des oiseaux, Chéri-Montigny, le fils de l'excellente artiste du Gymnase dont les contemporains du théâtre de Scribe ont autant honoré la vertu qu'applaudi le talent. J'ai rappelé ailleurs la mort tragique de mon pauvre ami, quelques années plus tard, mordu par un chien terrier, son commensal habituel, avec lequel il jouait familièrement, ne soupçonnant pas que l'animal était atteint de la rage. Nous fûmes reçus au « Crown Hotel », par le fondateur du club, l'Honorable Cecil Duncombe et le colonel Brooksbank un de ses premiers adhérents. John Frost était alors le fauconnier de l'équipage et dès le lendemain nous eûmes le plaisir de voir prendre des corneilles par ces oiseaux célèbres dont nous avions tant entendu parler.

Maintes fois depuis, je suis retourné dans le Wiltshire à la fin du déplacement de printemps, lorsque l'équipage transporte ses lares et son attirail un peu plus au sud de ces vastes plaines que dominent le clocher de la cathédrale de Salisbury et les monuments druidiques de Stonehenge. Le quartier général des fauconniers est alors le George Hotel dans le joli petit village d'Amesbury. Hélas ! je n'aurai plus l'occasion d'y rencontrer la sympathique figure de Cecil Duncombe ! Depuis quelques années déjà, sa vue ayant baissé, il avait dû renoncer à suivre les vols de ses chers oiseaux, mais il restait membre honoraire du club, et son fils le représentait aux déplacements. Son activité sportive avait trouvé un nouvel aliment dans le Yachting et il promena le pavillon du Royal Yacht Squadron le long des côtes de France qu'il affectionnait. Il fut aussi l'un des premiers à patronner en Angleterre l'automobilisme dont de vieux usages et des lois surannées édictées à une époque barbare où l'on songeait encore à protéger les piétons arriérés contre les voitures-machines, entravèrent les pénibles débuts! Lorsque nous le vîmes à Londres, pour la dernière fois, à notre retour d'Amesbury au mois de mai 1902, rien ne faisait prévoir que

L'HON. CECIL DUNCOMBE.

cet ardent sportsman, cet ami affectueux, allait nous être enlevé quelques jours plus tard par une pneumonie infectieuse à l'âge de soixante-dix ans.

Cecil Duncombe était le plus jeune frère de lord Feversham troisième baronet de ce nom, le possesseur actuel du manoir de Duncombe Park, dans le Yorkshire, où son ancêtre, originaire du Buckinghamshire, sir Charles Duncombe grand shérif et lord-maire de Londres en 1709, avait acquis une grande partie des terres de l'élégant Georges Villiers, second duc de

Buckingham, lorsqu'à la mort de ce fastueux grand seigneur, en 1687, il fallut vendre le domaine de Helmsley, pour payer ses créanciers [1]. Sir Charles Duncombe mourut sans enfants, mais laissa ses terres à sa sœur, mariée à un cousin, Thomas Browne, de Londres, qui reprit le nom de famille de sa femme et dont le fils fit construire le magnifique château de Duncombe Park vers 1718, sur les plans du célèbre architecte et auteur dramatique Vanbrugh.

C'est en parcourant ce domaine seigneurial qu'un Duncombe, à la fin du XVIIIe siècle, rencontra se balançant sur la barrière d'un champ, la fille d'un de ses tenanciers dont la beauté le captiva tellement qu'à l'exemple du roi Cophetua, de vieille ballade anglaise, il résolut d'en faire sa femme, et il épousa la jolie Isabelle Soulby après lui avoir fait, dit-on, passer un an ou deux dans une école où elle orna son esprit naturel de toutes les connaissances qui devaient lui permettre de tenir dignement le rang que son mariage l'appelait à occuper dans le monde.

And she behaved herself that day
As if she had never walkt the way;
She had forgot her gowne of gray,
    Which she did weare of late.
And thus they led a quiet life
During their princely raigne;
And in a tombe were buried both
    As writers sheweth plaine [2].

Isabelle Soulby ne fut pas la seule femme dont la merveilleuse beauté illustra la famille des Duncombe; plusieurs de ses membres figurent dans cette galerie de femmes exquises qui ont inspiré les pinceaux des Opie, des Romney, des Lawrence, des Gainsborough, de ces maîtres qui par leur talent aussi bien que par le charme de leurs modèles ont jeté tant d'éclat sur l'École anglaise du XVIIIe siècle.

1. Voir l'intéressante brochure de Miss Katherine Duncombe sur *Ryedale et les environs,* publiée à York chez Sampson. La mort du duc y est racontée en termes émouvants.

2. *Percy's reliques of ancient English poetry*. Londres, 1812.

La mère de lord Strathnairn — (sir Hugh Rose), le vaillant guerrier qui s'est illustré dans la campagne de Crimée et pendant la reprise des Indes, après l'insurrection de 1857[1] — était une fille de la captivante sirène dont nous venons de rappeler l'idylle rurale, et un portrait d'elle par Romney nous a conservé le souvenir d'une beauté au moins égale à celle de sa mère, tandis que son frère, par son mariage avec la fille du comte de Dartmouth, faisait entrer dans la famille la ravissante Charlotte Legge, dont le portrait par Hoppner, gravé par Wilkin, est un des chefs-d'œuvre les plus recherchés aujourd'hui par les collectionneurs d'estampes du XVIIIe siècle[2].

Cecil Duncombe habitait auprès du manoir fraternel la jolie résidence de la Grange de Nawton. Il s'y était établi en quittant le service militaire comme capitaine du 1er life guards et fut, jusqu'à sa mort, un des administrateurs du chemin de fer North Eastern, s'occupant de tous les intérêts régionaux auxquels les classes dirigeantes en Angleterre savent prendre une part active pour conserver ainsi une popularité bien méritée. En décembre 1900, il avait eu la satisfaction d'assister à l'ovation faite à son fils William par ses concitoyens du Yorkshire, lors du retour du Transvaal de ce jeune officier de la Yorkshire Yeomanry, qui, avec la fine fleur de la noblesse anglaise, n'avait pas hésité à quitter sa famille et à abandonner ses affaires pour courir aux avant-postes où il avait fait campagne sous les ordres de lord Methuen. Au milieu du veldt, le brave jeune volontaire avait songé souvent, comme il nous l'écrivait au lendemain du combat de Boshof, aux plaines moins arides où nous avions ensemble suivi les vols du Old Hawking Club fondé par son père, et nous le retrouverons sur les Wiltshire downs, montant le vaillant cheval d'armes qui a heureusement transporté son maître à travers toutes les difficultés de la pénible

1. La *Revue Britannique* a publié, en mars 1886, d'après l'*Asiatic Quarterly Review*, une remarquable étude biographique sur le feld-maréchal lord Strathnairn.

2. Deux filles du premier lord Feversham (1747-1763), les Hon. Frances et Anne Duncombe, ont été peintes par Gainsborough. Le portrait de la première fait partie de la galerie du baron Lionel de Rothschild ; celui de la seconde est actuellement exposé dans la galerie Agnew à Londres.

campagne sud-africaine et qu'il n'a eu garde de laisser derrière lui.

Une des filles de Cecil Duncombe a épousé, en 1885, un autre fauconnier dont le nom mérite de rester gravé dans les fastes de la fauconnerie du XIXe siècle : Herbert Saint-Quintin, qui pratique, entre autres, le vol difficile de la mouette dans les terres labourées aux environs de la côte, à Scampston Hall, lorsque ces oiseaux imprudents, s'éloignant de l'élément liquide, leur sauvegarde contre les descentes impétueuses du courageux pèlerin, se plaisent à venir pâturer par petites bandes dans les champs, en suivant la charrue, comme de simples corneilles.

LE RÉVÉREND WILLIAM WILLIMOTT

Le révérend recteur de la paroisse de Saint-Michaels, à Caerhays dans le comté de Cornouailles a été un de nos plus assidus correspondants, mais nous ne saurions mieux rappeler son souvenir, ni retracer sa carrière de fauconnier, que par ces lignes que lui a consacrées notre ami commun, Harting, dans le *Field* du 26 août 1899 :

« Willimott avait débuté, comme tant d'autres jeunes gens, par apprivoiser des cresserelles, et il dévorait avec passion tous les vieux traités de fauconnerie qui lui tombaient sous la main. Ainsi se déclara une vocation que les articles de « Peregrine » (Gage Earle Freemann), dans le *Field*, en 1862, ne firent que confirmer davantage. Le 10 juin de cette année-là, après s'être fait descendre le long d'une falaise du Cornouailles au risque de se rompre le cou, il parvenait à dénicher deux tiercelets dans leur aire et il entreprit de les dresser lui-même. L'un de ces oiseaux se perdit au bout de peu de temps, mais il réussit à mettre l'autre au vol de la corneille. Successivement il se procura d'autres oiseaux et pendant dix-huit ans pratiqua plus ou moins heureusement les vols de la corneille, du corbeau, de la pie et du pigeon ramier au grand contentement des gardes-chasse du pays qui tenaient tous ces oiseaux pour de la vermine. Il prit plusieurs fois des éperviers et des cresserelles avec ses tiercelets de pèlerins, les cresserelles fournissant particulièrement des descentes admirables. En 1877, le major Hawkins Fisher lui donna un passager nommé *Acrobat* dont les vols de grouse et de perdrix ont été souvent chroniqués par le *Field*. Ce faucon montait admirablement après les mouettes qu'il réussissait toujours à capturer, sauf une fois, où, étant près de la côte, l'oiseau poursuivi réussit à gagner le large et à se laisser tomber dans la mer. A plusieurs reprises W. Willimott essaya de prendre des vanneaux et des pluviers qui étaient abondants dans son voisinage, mais, comme il arrive presque toujours, les faucons dressés n'étaient pas de force à battre les agiles esquivades et le vol rapide de ces petits échassiers qui ne succombent guère que devant les forces supérieures des faucons sauvages.

Tous les sportsmen qui ont assisté aux vols de l'équipage du révérend W. Willimott, étaient surpris de la docilité et de la soumission de ses élèves.

Lorsqu'il quitta Caerhays, en 1878, pour aller à Quethioick il y transporta son goût pour la fauconnerie et ses oiseaux. C'est chez lui que le fameux faucon du Old Hawking Club *Bois-le-Duc* alla prendre sa retraite. J'avais assisté, en Hollande, à la prise de ce passager par le vieux fauconnier Adrien Mollen. Jamais cet oiseau n'a volé une corneille sans la tuer. Un jour de malheur cependant ayant manqué sa proie qui s'était réfugiée dans une remise épaisse d'épines, ce brave faucon avait fait change sur une autre corneille qui l'entraîna à quelque deux milles vers sa *corbeautière* où un laboureur l'abattit d'un coup de fusil au moment où il faisait prise. Hélas ! tel est le sort aujourd'hui de plus d'un bon faucon !

La nouvelle résidence du révérend pasteur se trouvant dans un pays trop boisé pour y faire de la haute volerie, W. Willimott se mit à l'autourserie, faisant venir ses autours de France. Il ne réussit pas très bien avec le premier, reconnaissant lui-même qu'il s'y était mal pris, mais son second autour lui donna d'excellents résultats sur le lapin. Il volait ses oiseaux avec des vervelles au lieu du tourillon que l'on peut enlever au moment de jeter, ce qui faillit un jour causer l'écartèlement d'un bon autour, la vervelle d'un des jets s'étant entortillée autour de la traverse inférieure d'une claie tandis que l'oiseau empiétait son lapin. Heureusement, la main qui avait fait prise avait saisi l'animal à l'épaule ce qui l'immobilisa presqu'aussitôt.

Le Rév. W. Willimott continua à voler jusqu'au jour où la santé lui faisant défaut sonna l'heure de la retraite. Il résidait alors dans le Wiltshire, pouvant encore suivre les vols des faucons de quelques amis et prendre sa part de certains autres sports. Je l'ai rencontré un jour à six heures du matin sur le pont de Netheravon où il vit les chiens de loutre de M. Courteney Tracy lancer et tuer une loutre. Le vieux sportsman était toujours plein d'énergie, mais ses jambes lui refusaient le service. Il est mort à soixante-quinze ans à Ipswich, retiré pour terminer ses jours auprès de proches parents lorsque, la santé lui faisant tout à fait défaut, il dut se démettre de son ministère. »

Et nous dirions avec Harting qu'il serait vraiment triste pour les fauconniers de penser qu'eux aussi sont mortels, s'ils n'avaient pas, comme leurs oiseaux après une belle *descente*, confiance dans la *ressource* qui les fera remonter dans les espaces célestes. *Resurgam!*

LES CHASSES D'UN ÉMIR DU XIIE SIÈCLE

La *Revue Britannique* a fait connaître à ses lecteurs un très curieux manuscrit, découvert par M. Hartwig Derenbourg dans la bibliothèque de l'Escurial, et dont, après avoir publié le texte arabe il y a quelques années, puis tiré une longue monographie, le savant professeur de l'École des Langues orientales a donné récemment une très exacte traduction. Ce sont les Mémoires d'un musulman : OUSAMA IBN MOUNKIDH, que les chevaliers francs de la deuxième croisade trouvèrent sur leur passage, en Égypte et en Palestine, au premier rang des plus fanatiques défenseurs de l'Islam. Ces Mémoires sont excessivement curieux à une foule de titres, d'autant plus que les documents de ce genre sont très rares en Orient, et il faut rendre grâces à M. Hartwig Derenbourg d'avoir appelé l'attention sur une source aussi précieuse.

De la partie historique de ces Mémoires, ce n'est pas ici le lieu de parler, mais Ousama Ibn Mounkidh n'était pas seulement un vaillant guerrier, c'était encore, comme le sont presque tous les Arabes, un enragé chasseur qui s'entretenait la main contre les bêtes fauves, grandes et petites, lorsqu'il n'avait pas à pourfendre quelque noble croisé, et son père possédait des équipages de chasse tout à fait extraordinaires.

Notons d'abord que les Arabes du XIIe siècle se servaient de chiens *braques*, que l'on faisait venir *du pays des Grecs*, car on sait qu'il est très difficile de conserver ces chiens vivants en Orient. Mais Ousama, qui habitait une région alpine, pouvait non seulement les conserver, mais encore il les faisait reproduire. Notre Arabe ajoute que la chasse aux oiseaux leur était naturelle, et, d'après les explications qu'il donne sur leur manière de chasser, on voit que c'étaient bien de véritables chiens d'arrêt, mais qui n'avaient pas encore été dressés au rapport. Il cite cependant un chien braque qui, une fois, rapporta quelque chose. « Ce chien, dit-il, avait pénétré à la quête d'une perdrix, dans des broussailles inextricables d'où il tardait à sortir, lorsque les chasseurs entendirent le bruit d'une lutte violente engagée dans le fourré. Mon père fit remarquer qu'il devait y avoir dans ce fort quelque bête fauve qui, ayant été dérangée par le chien, lui faisait payer cher, sans doute, son imprudence; cependant, au bout d'un certain temps, nous vîmes, à notre grande satisfaction, ressortir le brave animal; il traînait par la patte un chacal qu'il avait rencontré et nous le rapportait après l'avoir étranglé. »

Parmi les nombreux traits de docilité et d'intelligence qu'Ousama raconte des chiens braques qu'il lui a été donné d'observer, nous citerons ce qu'il dit d'une chienne noire sur la tête de laquelle ses serviteurs avaient coutume de placer un luminaire pour s'éclairer le soir lorsqu'ils jouaient aux échecs. La brave bête restait immobile, sans remuer, comme ces chiens sur le nez desquels on met un morceau de sucre qu'ils ne happent qu'au commandement. On ne lui aurait pour rien au monde fait abandonner son poste de confiance, et la station était parfois si longue que ses yeux en devenaient chassieux. « Vous finirez par rendre cette chienne aveugle ! » disait le père d'Ousama; mais cela n'empêchait pas ces enragés joueurs de continuer à se faire éclairer de cette façon bizarre.

Il va sans dire que les équipages de chasse de l'Émir musulman comptaient de nombreux lévriers. Ousama célèbre notamment les exploits d'une certaine chienne à poil fauve que son père estimait particulièrement et qui se nommait « la Hamatite ». Le père d'Ousama était le grand Nemrod de la famille. « Malgré la lourdeur de son corps, malgré son grand âge, malgré sa persévérance à jeûner, dit de lui notre auteur, mon père galopait toute la journée et ne chassait que sur un cheval de race ou sur un bon bidet. Nous étions avec lui, ses quatre fils, et nous étions souvent à bout de forces qu'il ne ressentait, lui, aucune fatigue. Il n'autorisait personne à ralentir le train et adressait de fréquents reproches à mon écuyer, lequel, portant ma lance et mon bouclier sur mon cheval d'armes, s'abstenait de le lancer à la poursuite du gibier pour ne pas le fatiguer inutilement. »

Les guépards tenaient une place importante parmi les auxiliaires des chasseurs orientaux de cette époque. Ousama en cite un, remarquable par sa taille et par son naturel sauvage, que l'on eut assez de mal à apprivoiser. Il se laissait monter sur le cheval du guépardier qui le portait sur le devant de sa selle, mais il ne voulait pas faire chasse. Il avait des attaques d'épilepsie pendant lesquelles sa gueule se remplissait d'écume. Lui présentait-on de la chair de jeunes gazelles, il ne la happait pas et ne voulait y mordre qu'après l'avoir flairée et retournée en tous sens. Cependant son dresseur ayant deviné les moyens de cet animal, ne se décourageait pas. Au bout d'une année de soins et de patience, ce guépard se déclara subitement, comme un dormeur tiré brusquement de son sommeil. Un jour que l'on était en chasse, il bondit sur une gazelle qui passait à portée et qu'Ousama avait culbutée du poitrail de son cheval, et depuis cette époque, il ne manqua jamais une gazelle, reprenant même la poursuite lorsque sa proie lui échappait au premier bond, au lieu de se rebuter et de mettre bas, comme le font habituellement ses congénères en pareilles circonstances.

Le passage suivant nous donne une idée des soins que l'on prenait des guépards :

« Ce guépard était le seul logé dans la maison de mon père. Celui-ci avait chargé une servante de le soigner. On avait disposé, sur un des côtés de la maison, un appentis incliné sous lequel on avait mis de l'herbe sèche. Au retour de la chasse, le guépardier conduisait son animal jusqu'à une ouverture pratiquée exprès dans le mur de clôture de l'habitation ; l'animal rentrait par là et la servante venait à sa rencontre pour l'entraver. De nombreuses gazelles apprivoisées erraient en toute liberté dans la cour de la maison, en compagnie de chèvres et de jeunes paons. Jamais il ne serait venu à ce guépard l'idée de les molester ; il regagnait tranquillement sa couchette, dont il ne bougeait pas, et sa douceur était telle qu'un jour qu'il avait sali sa couverture, je vis la servante le battre sans qu'il manifestât de mauvaise humeur par le moindre grognement. Cependant, il fallait voir comme son ardeur se réveillait à la chasse. Un jour, ayant couru deux lièvres qui avaient bondi en même temps devant lui, il en saisit un dans sa gueule, tandis qu'il maintenait le second avec ses pattes. »

Le guépard n'était pas le seul félin dressé par les Arabes à la chasse. Ousama mentionne une belette, puis un loup-cervier ou lynx qu'on lui fit voir chez l'Atabek Zengui, dans les environs de Sindjar. On montra un lièvre à cet animal qu'un écuyer portait sur sa selle comme on porte le guépard, mais lorsqu'on le lança sur le lièvre, celui-ci, pris de peur, alla se réfugier entre les jambes des chevaux et évita les atteintes du lynx. Nous savons, d'après J.-E. Harting, dans ses *Essais on Sport and Natural History*, que, dans l'Inde, le lynx est encore dressé de nos jours à la chasse aux oiseaux, et la Galerie de Chasse du Jardin d'Acclimatation possède des spécimens des chaperons dont on se sert pour coiffer les lynx et les guépards, comme on le fait pour les oiseaux de fauconnerie.

Ces oiseaux étaient nombreux dans les équipages du père d'Ousama, où nous voyons des sacres et des gerfauts, des autours aussi sans doute, que l'auteur désigne sous le nom de *faucon aux yeux rouges*, et d'autres comme les *éperviers blancs*, dont il nous est assez difficile d'identifier l'espèce. Avec le faucon aux yeux rouges, Ousama volait la grue, et sa description d'une chasse de ce genre évoque devant nous les jolies illustrations du traité japonais intitulé *Ehon Taka Kagami* ou le *Livre miroir de Fauconnerie*, que nous possédons dans notre bibliothèque.

La façon de servir la grue prise pour un faucon était la suivante : « Les grues s'étant envolées, le faucon en atteignit une à une grande distance et la lia. Je dis à un de mes écuyers monté sur un excellent cheval : « Pousse ta monture vers le faucon, descends de cheval, enfonce le bec de la grue dans la terre, maintiens-le et laisse ses deux pattes sous tes deux pieds, jusqu'à ce que nous t'ayons rejoint. » Mon écuyer partit et se conforma à mes instructions, et lorsque le fauconnier arriva, il tua la grue et fit paître le faucon victorieux. »

Les chiens chassaient souvent de conserve avec les faucons et s'aidaient mutuellement, comme le font aujourd'hui les pointers et les pèlerins pour voler le grouse et la perdrix : « Je m'étais rendu, raconte Ousama, avec l'émir Moureddin, à Acre, auprès du roi des Francs, Foulques. Nous vîmes un Génois récemment arrivé; il possédait un faucon de grande taille qui faisait la chasse aux grues en compagnie d'une petite chienne. Lorsque le faucon partait après les grues, la chienne courait sous l'oiseau de vol, et dès que celui-ci avait lié une grue et l'avait abattue à terre, la chienne arrivait et aidait le faucon à maintenir sa capture. » Le faucon de ce Génois avait une particularité assez singulière; il avait treize plumes à la queue, au lieu de douze qui est le chiffre normal, et son maître déclara à l'émir arabe que les faucons ayant treize plumes à la queue étaient particulièrement employés dans son pays pour la chasse à la grue.

Ce Génois généralisait, nous semble-t-il, un fait, somme toute, assez rare. Nous avons eu cependant l'occasion de l'observer une fois à l'équipage de fauconnerie de Champagne, et cette année encore, un des autours dressés par notre ami et maître fauconnier contemporain, M. Alfred Belvalette, a également treize plumes à la queue.

Les équipages de fauconnerie, sur lesquels notre chef arabe s'étend avec complaisance, ne se remontaient pas seulement en espèces indigènes; on faisait venir des faucons de fort loin.

« Mon père, dit Ousama, envoyait quelques-uns de ses compagnons dans des contrées lointaines pour y acheter des faucons. Il en fit venir d'aussi loin que de Constantinople. Ses écuyers emportaient, avec les faucons, assez de pigeons pour les nourrir en route, mais une fois, par suite de tempêtes, leur voyage fut retardé à ce point que leurs provisions s'épuisèrent et l'on en fut réduit à faire manger aux faucons de la chair de poissons. Cette nourriture anormale laissa des traces sur les ailes des oiseaux dont les plumes se brisaient et se cassaient; cependant, lorsque les écuyers arrivèrent à Schaïzar, il y eut, parmi leurs acquisitions, plusieurs faucons exceptionnels. »

L'effet produit par le manque de nourriture sur les plumes des oiseaux de proie est bien connu des fauconniers, qui ont soin de ne pas dénicher les oiseaux trop jeunes, pour que les plumes n'aient pas à pâtir au moment où elles se développent. Les plumes *affamées*, comme on dit en langage technique, se reconnaissent à des stries qui affectent non seulement les barbes, mais encore les tuyaux des grandes pennes des ailes et de la queue, et ces plumes se brisent facilement dans le sens de ces stries qui accusent une perte de substance. Il faut alors *enter* les plumes et rapprocher les deux parties de la plume brisée au moyen d'une aiguille enfoncée dans le tuyau, qu'on resoude ainsi bout à bout. Les fauconniers arabes d'Ousama pratiquaient ce système et *réparaient* leurs oiseaux de cette manière.

Parmi les princes des différents pays avec lesquels le père d'Ousama entretenait des relations pour subvenir aux besoins de son vol, se trouvaient des seigneurs arméniens qui lui envoyaient chaque année des oiseaux précieux pour lesquels ils recevaient en échange des chevaux, des parfums et des étoffes d'Égypte.

« Dans une certaine année, dit Ousama, il s'accumula chez nous des faucons originaires des Défilés (?), parmi lesquels un jeune oiseau grand comme un aigle et plusieurs faucons de montagne, dont l'un avait la largeur de poitrine d'un sacre. Notre fauconnier Ganaïm disait de ce dernier : « Ce faucon, « nommé Al-Yahschour, ne doit pas avoir son pareil et ne man- « quera aucun gibier. » Comme nous mettions en doute son assertion, il entreprit le dressage de cet oiseau qui tourna comme Ganaïm l'avait prédit. Il vécut et mua chez nous pendant treize années et sortait de chaque mue meilleur qu'avant. C'était notre commensal continuel ; il faisait la chasse pour servir son maître et n'imitait pas les oiseaux de proie, qui, en volant, ne songent qu'à se servir eux-mêmes. Ce faucon mourut à Schaïzar. Je m'y trouvais un certain matin lorsque je vis déboucher une longue file de lecteurs du Coran, de pleureurs et d'habitants de la ville. Je demandais qui était mort. On me répondit : une fille de Schihab-ad-Din. Je voulus suivre l'enterrement, mais Schihab-ad-Din s'y opposa ; on porta le mort sur la colline de Sakroun et, au retour, Schihab-ad-Din m'avoua que celui auquel on venait de faire de si magnifiques funérailles était le faucon Al-Yahschour.

« — Lorsque j'ai appris sa mort, me dit-il, je l'ai envoyé prendre ; j'ai commandé pour lui un cercueil et des funérailles et je l'ai enterré comme tu viens de le voir. Il méritait bien cela ! »

Des grands fauves dont l'émir Ousama nous raconte la chasse, celui qu'il estime pour le plus redoutable est la panthère. La lutte contre elle, dit-il, est plus difficile que contre les lions, à cause de sa légèreté et des bonds énormes qu'elle peut faire. De plus, les panthères se réfugient dans des cavernes ou sous des amas de rochers, comme la hyène, de sorte qu'il est souvent impossible de les atteindre, tandis que le lion ne quitte pas les bas-fonds des forêts et les broussailles, d'où il est plus aisé de le débusquer. L'émir raconte plusieurs chasses de panthères habitant ainsi dans des cavernes. Lorsque ces cavernes n'étaient pas trop profondes et qu'une fissure sur le côté permettait d'en fourgonner le fond avec une lance, on se tenait à l'entrée et, chaque fois que le fauve se présentait à l'ouverture, on le frappait avec les armes.

Une de ces bêtes féroces avait pris l'habitude de venir faire sa sieste au soleil, sur le rebord d'une fenêtre de la mosquée en ruines de Hounak. Cette fenêtre était à quarante coudées d'élévation ; la panthère y montait d'un seul bond et n'en redescendait que le soir. Un chevalier Franc, du nom de sire Adam, qui avait une grande réputation de bravoure, ayant connu cette particularité, résolut d'attaquer l'animal, et, armé de toutes pièces, il se dirigea vers la mosquée où la panthère avait coutume de se poster comme nous venons de le dire. Lorsqu'elle le vit venir, elle ne fit qu'un bond de la fenêtre sur le croisé, l'atteignit sur son cheval, lui fendit le dos d'un coup de griffe et, l'ayant tué, poursuivit son chemin. L'asile sacré où cette panthère se réfugiait et ce haut fait d'armes contre un chrétien lui firent donner par les paysans de Hounak le nom de *panthère qui prend part à la guerre sainte.*

Tous les croisés ne furent pas aussi malheureux que le chevalier Adam, car un jour qu'Ousama passait à Haïfa, ville qui était alors entre les mains des Francs, un d'eux vint lui proposer d'acheter un magnifique guépard, et grande fut la surprise de l'Arabe lorsqu'il vit son interlocuteur lui amener, non pas un guépard, mais bel et bien une panthère aussi apprivoisée que si elle était entrée dans la peau d'un chien. Ousama refusa le marché, mais il s'étonna fort que le Franc ait pu venir à bout de dresser une pareille bête.

Le lion se chassait à cheval et à la lance comme le sanglier. Ce sport constitue encore le *pig-sticking* de l'armée anglaise aux Indes. Ousama fait observer que si le sanglier était aussi bien armé que le lion, il ferait beaucoup plus de mal que lui, car déjà il arrivait souvent aux chevaux d'être décousus par le cochon sauvage. Le lion de Syrie, en effet, n'a jamais passé pour un foudre de guerre et ne jouit pas généralement, comme celui de l'Atlas, d'une grande réputation de bravoure. Il est beaucoup plus rare aujourd'hui qu'au douzième siècle, mais il en existe encore.

« J'ai vu, dit Ousama, ce que je n'aurais jamais soupçonné, et jamais je n'aurais cru que les lions sont comme les hommes, les uns braves et les autres lâches. Un jour on vint me dire : « Dans le repaire du Tell ak-Toul, il y a trois lions. » Nous montâmes aussitôt à cheval pour les combattre. C'était une lionne accompagnée de deux lions. Nous battîmes à plusieurs reprises le fourré. La lionne sortit contre nous et bondit sur nos hommes. Mon frère Baha-ad-Daula se porta à sa rencontre, la frappa de sa lance, la tua et lui laissa la lance brisée dans le corps. Revenant vers le repaire, l'un des deux lions se montra à son tour et épouvanta nos chevaux. Cependant mon frère et moi nous restâmes postés sur la route attendant sa rentrée, car le lion lorsqu'il sort d'une enceinte, doit de toute nécessité y revenir. Lorsque nous le vîmes arriver, nous tournâmes dans sa direction la croupe de nos montures pour qu'elles ne pussent le voir et nous dirigeâmes nos lances en arrière, pensant que si ce lion nous attaquait, nous pourrions de cette façon l'embrocher et le tuer. Mais cet animal ne fit pas attention à notre manœuvre et, passant comme le vent, il se dirigea vers un de nos compagnons nommé Sad-Allah. Il atteignit sa jument qu'il renversa et je lui plongeai ma lance en plein corps. Il expira sur place. Nous revînmes vers l'autre lion avec environ vingt fantassins des troupes arméniennes, tous habiles archers. Cet autre lion était le plus grand des trois comme stature. Les Arméniens lui barrèrent la route armés de leurs flèches en bois, et je me tenais sur le flanc prêt à lui donner de ma lance s'il fondait sur les fantassins, mais il s'avançait paisiblement, et chaque fois qu'il était atteint par un carreau d'arbalète il rugissait et se battait les flancs de sa queue. Je me disais à chaque instant : « Il va bondir ! » mais il n'en fut rien et il continua à battre en retraite, jusqu'au moment où il tomba mort. »

Ce n'est pas le seul exemple de poltronnerie léonine que raconte Ousama, car un lion captif s'étant trouvé en présence d'un bélier, celui-ci fonça sur lui à coups de cornes et le mit en fuite.

« Il y avait dans la ville de Damas, raconte Ousama, un lionceau dressé par un dompteur qui l'avait élevé tout petit et qui s'en servait pour attaquer les chevaux et causer du dommage aux hommes. On rapporta le fait à l'émir Moureddin en ma présence, en lui signalant que cet animal gênant se tenait nuit et jour couché sur un banc de pierre aux abords de la maison qu'il habitait. Moureddin ordonna qu'on lui amenât le fauve et dit au chef de cuisine de le mettre en présence d'un bélier destiné à la table qu'il lâcherait dans la cour intérieure de la maison avec le lion, pour voir ce qui allait se passer. Or dès que ce bélier aperçut le lion que le dompteur tenait au bout d'une chaîne, il se précipita sur lui et lui donna un coup de cornes. Le lion s'enfuit et tourna autour du bassin au milieu de la cour poursuivi par le bélier qui le serrait de près et lui donnait de formidables renfoncements chaque fois qu'il pouvait le rejoindre. Nous eûmes beaucoup de peine à réprimer notre envie de rire, et l'émir, exaspéré contre la lâcheté de ce lion, donna ordre de le mener chez l'équarrisseur et de le faire abattre comme un animal néfaste, tandis qu'il sauvait du couteau du boucher son vaillant adversaire. »

Etait-ce donc aussi un lion asiatique que celui qui, l'an de grâce 1402, dans les Arènes de la ville d'Arles, en Provence, fut malmené de la même manière par un mouton ? Émile Fassin, le savant historiographe de la ville d'Arles, a retrouvé le procès-verbal authentique de ce singulier combat d'où il appert « que le deuxième jour d'aoust, le roi Loijs mit en présence un *moton* et un *léon*, et le *moton* fit fuir le *léon* et lui donna moult coups avec la teste quand il pouvait le joindre, ce pourquoi le roi fit porter le mouton au palais, non pas pour le mettre à la broche, mais pour le bien nourrir en récompense de sa belle conduite ». Assurément, ce n'est pas ce lion-là qu'Amédée Pichot a fait figurer dans son roman *le Dernier roi d'Arles*, ce curieux et fidèle tableau des mœurs provençales au Moyen Age, récit ingénieux d'aventures et de légendes, où défilent dans une procession célèbre, pour faire cortège à Boson « LE LION D'ARLES », tant de lions glorieux : le lion de Chypre, le lion ailé de Venise, le lion à queue fourchue de Bohême, le lion de Norvège armé d'une hache d'argent, les trois lions léopardés du Danemark et ceux de Normandie, d'Aquitaine, du pays de Galles et du Brabant[1] !

Quoi qu'il en fût du tempérament couard du lion asiatique, la chasse à la lance n'en était pas moins excessivement dangereuse, à cause du peu de justesse de cette arme et de la frayeur du cheval qui cherche à se dérober. Aussi Ousama conseille-t-il, pour attaquer le lion, de choisir, s'il est possible, une pente assez forte pour que le cheval, une fois lancé, ne puisse se porter à droite ou à gauche et pour imprimer plus de vigueur au choc de la lance en arrêt. Voici, extrait de ces Mémoires, le récit d'un combat à pied :

« Pendant que je me trouvais à Schaïzar, dit notre émir, quelqu'un vint m'informer qu'auprès d'un puits voisin de sa demeure, il y avait un lion féroce. Je montai aussitôt à cheval et me dirigeai vers l'endroit indiqué, sans parler de mon intention à personne, de peur d'être contrecarré dans mon projet.

1. *Le dernier roi d'Arles*, épisode des grandes chroniques arlésiennes, précédé d'un essai historique sur la ville d'Arles, par Amédée Pichot, 1 vol. in-8, Amyot, édit., Paris, 1848.

Arrivé près du lion, je mis pied à terre, j'attachai ma monture et je marchai droit sur le fauve. Quand il m'aperçut il chercha à m'atteindre, s'élança sur moi, et je lui fendis le crâne d'un coup de sabre. Après l'avoir achevé, je lui coupai la tête et l'ayant mise dans le sac à fourrages de mon cheval, je m'en retournai à Schaïzar. J'entrai chez ma mère et je déposai la tête à ses pieds en lui racontant ce qui s'était passé. Elle me dit : « O mon cher fils, fais tes préparatifs pour quitter Schaïzar, car, par Allah ! ton oncle ne t'autorisera plus, ni toi ni aucun de tes frères, à y séjourner. Vous êtes trop hardis et trop entreprenants. » Le lendemain matin, en effet, mon oncle ordonna notre expulsion et décida qu'il y serait procédé sans répit. Il nous fallut nous disperser à travers le pays. »

Ainsi la victoire du chasseur, comme celle de maint conquérant, suscita contre lui la jalousie et la méfiance, mais quand on lit dans les Mémoires d'Ousama comment les membres d'une même famille conspiraient à son époque les uns contre les autres, et avec quelle tranquillité les plus honnêtes musulmans se débarrassaient des personnages qui s'interposaient entre eux et un trône ou un simple héritage, on conçoit les susceptibilités d'un parent qui ne pouvait pas voir de très bon œil un neveu aussi hardi chasseur que vaillant guerrier.

Nous regrettons de quitter si tôt l'analyse attachante de la savante traduction de M. Hartwig Derenbourg. Nous renvoyons à la *Revue Britannique* [1] ou à l'autobiographie même d'Ousama, les lecteurs qui désireraient être plus amplement renseignés sur les passe-temps cynégétiques des musulmans et des croisés du douzième siècle.

1. Livraison de septembre 1895.

LA CHASSE AU LÉVRIER ET AU FAUCON

CHEZ LES KIRGHISES [1]

Dans la partie méridionale de la province d'Akmolinsk se trouvent disséminées plusieurs petites montagnes dont les pics les plus élevés n'atteignent cependant, nulle part, la ligne des neiges éternelles.

Le caractère de ces montagnes est assez varié ; par endroits elles offrent l'aspect de simples collines, ailleurs, celui de hauteurs absolument sauvages et rocheuses dont les pentes seules sont réveillées par une parcimonieuse végétation.

Parmi les arbres qu'on y rencontre, il faut citer le bouleau, le tremble, le sapin, et parmi les arbustes, l'aubépine, le chèvrefeuille des bois, la spirée, etc. Les plaines sablonneuses ou argileuses avoisinant les steppes sont principalement couvertes de stippes plumeuses, de carottes sauvages et de plantes analogues.

Parmi les animaux de ces montagnes, on remarque des antilopes Saïga, quelques ours, des loups, des marmottes, des hermines, des putois, des corsacs ou renards de Tartarie et des renards vulgaires, surtout la variété rouge ou à cou blanc qui abonde dans les rochers volcaniques de la montagne d'Aktaw.

Ces localités ne sont guère fréquentées par les hommes qu'en automne et en hiver, quand les bandes de Kirghises nomades les parcourent; c'est pourquoi les renards ont toute facilité

1. Traduit d'un article russe de I. I. Melinikoff dans le *Chasseur russe*. Voir *Revue Britannique*, septembre 1897.

pour s'y multiplier à leur aise pendant tout le reste de l'année sans être gênés par des visiteurs indiscrets.

Bien que les Kirghises soient tous d'ardents chasseurs, ceux d'Aktaw et d'Oultaw le sont plus que les autres, car n'ayant subi que très faiblement l'influence des éléments slaves, chinois et turkestaniens, ils mènent encore l'existence errante de leurs ancêtres. Les aborigènes qui peuplaient cette contrée bien avant l'arrivée des Kirghises se livraient, comme eux et peut-être avec plus d'ardeur encore, à l'exercice de la chasse, comme il ressort des découvertes d'armes de chasse que l'on a faites dans les tombeaux anciens; comme le prouvent encore certaines inscriptions gravées sur les rochers de ces montagnes, à une époque très reculée.

Actuellement les Kirghises font principalement la chasse aux renards dans les montagnes d'Aktaw, aux sources des rivières Sary-Sou et Monok ; ils ne poursuivent les loups et les antilopes Saïga que lorsqu'ils en rencontrent. Quant aux ours, ils en ont eux-mêmes assez peur, tout en les détestant, parce que ces animaux déterrent leurs morts et les dévorent pendant leurs absences estivales, et cette profanation des sépultures ancestrales est odieuse à tout mahométan.

D'après la disposition des lieux, on pratique deux genres de chasse dans ces montagnes, l'une avec des lévriers et l'autre avec des oiseaux de proie.

La chasse des lévriers se fait de plusieurs façons, à cheval, à courre et à pied.

Dans le premier cas, le chasseur place son chien en croupe derrière lui, sur une selle ou coussin disposé spécialement pour le recevoir et qui affecte la forme d'un rond de cuir de bureaucrate ou d'une bouée de sauvetage. Dans cet équipage le veneur parcourt à un léger galop ou simplement au trot les pentes de la montagne où il croit avoir le plus de chances de rencontrer des renards.

Si pendant cette tournée un renard se montre quelque part dans le lointain ou sur ses flancs, le cavalier se dirige vers lui en conservant d'abord son chien en croupe, puis lorsqu'il a pu désigner l'animal de chasse à son fidèle auxiliaire, il le jette à terre et le chien commence une poursuite qui dure parfois très longtemps avant qu'il puisse saisir sa proie; il arrive parfois aussi que, dans les endroits très accidentés, le renard bondit presque sous les pieds du cheval au tournant de quelque rocher ou de quelque pli de terrain, et dans cette occurrence, le chien saute à terre de lui-même et saisit son adversaire presqu'immédiatement. Une fois la bête prise, homme et chien remontent en selle et continuent leur quête à la recherche d'un autre renard.

Pour courir le renard avec les lévriers, il faut bien connaître les mœurs des renards de l'endroit où l'on chasse, car, de cette connaissance dépend le succès. Ainsi dans les montagnes d'Aktaw et d'Oultaw, les renards creusent leurs terriers sur les sommets où ils sont à l'abri de toutes poursuites. Au fur et à mesure que le jour tombe, ils sortent de leurs repaires et descendent dans la plaine, où ils passent toute la nuit à se procurer leur nourriture et ils ne remontent qu'avec le jour dans les montagnes, de sorte que, le soleil levé, il n'en reste plus un seul dans la plaine.

Sachant cela, les Kirghises se réunissent ordinairement au nombre de quatre ou cinq, chacun avec un chien, et vont à cheval occuper les défilés à la chute du jour; là, disposés en cordon, se postant à trois cents pas l'un de l'autre, ils attendent l'apparition du gibier. Pendant ce temps d'autres cavaliers se dispersent dans les collines et s'avancent avec précaution, rabattant les animaux qui, alarmés, cherchent à regagner au plus vite leurs terriers sur les hauteurs où ils se butent contre les lévriers et se font prendre sans pouvoir fuir. C'est suivant le même procédé que s'effectuent les chasses au lever du soleil avec cette différence qu'au lieu de traquer le gibier sur les cimes des montagnes, c'est sur les pentes qu'on va le chercher.

Les Kirghises auxquels leurs moyens ne permettent pas de se servir de chevaux pour la chasse, prennent les renards de la même façon mais à pied. Ils contruisent avec des pierres, des abris derrière lesquels ils se dissimulent avec leurs chiens dans les défilés, tandis que d'autres chasseurs battent à pied les collines pour y faire lever le gibier et le rabattre vers leurs compagnons. Souvent même ces chasseurs peuvent se passer de faire des traques en se fondant sur leur connaissance des mœurs des animaux qu'ils attendent à leurs refuites habituelles lorsqu'ils passent de la montagne à la vallée. Mais ce mode de chasse n'est généralement pas très fructueux, car un animal aussi rusé que le renard s'avance très prudemment quand il n'est pas poursuivi et se laisse rarement surprendre.

Le comble de l'art dans ces chasses consiste à maintenir le chien jusqu'au moment où on lui livre le gibier, ce qui est difficile à obtenir des lévriers à cause de leur ardeur, mais cela n'est pas impossible.

A en juger par les légendes poétiques des anciens contes arabes et persans, il semblerait que le lévrier n'est pas d'origine asiatique. Le célèbre voyageur vénitien Marco Polo, qui a décrit les chasses grandioses faites avec chiens et oiseaux en Orient, n'a jamais fait mention du lévrier.

Les lévriers kirghises des pays montagneux ont toutes les qualités requises pour courre le gibier dans la plaine, mais ceux des steppes, bien qu'ils possèdent l'endurance nécessaire à une poursuite prolongée, sont beaucoup moins bons pour les montagnes, car ils s'y fatiguent trop vite et s'y blessent souvent aux pierres et aux branches, accident rare pour les chiens des montagnes, qui sont plus habitués au terrain.

Il y a environ trois mille cinq cents Kirghises qui chassent de cette manière dans les montagnes de l'Aktaw et l'on compte jusqu'à cent cinquante d'entre eux qui jouissent de la réputation de chasseurs émérites.

Les chasses dont nous venons de parler s'effectuent depuis le mois d'octobre jusqu'à la mi-décembre, mais à partir du 1er décembre on commence déjà partout à chasser avec des oiseaux de fauconnerie auxquels on adjoint fréquemment des lévriers.

La chasse avec les oiseaux de fauconnerie est beaucoup plus répandue que celle avec les lévriers ; elle se subdivise en deux branches principales : la chasse au faucon et à l'autour dirigée contre le gibier de plume et la chasse à l'aigle royal qui a pour objectif la prise des animaux à poil. A partir du 15 mars, les Kirghises autochtones commencent à quitter les montagnes qu'ils ont complètement abandonnées vers le 15 mai, se rendant souvent jusqu'à deux ou trois cents kilomètres, et même davantage, des embouchures des rivières Sary-Sou et Tchou. En été, ils prennent avec des faucons les canards, les oies, les grues, les outardes, etc. Ils se procurent les oiseaux qu'ils dressent à cette chasse dans le district d'Omsk où ils coûtent de dix à quinze roubles aux endroits mêmes où on les prend, mais dans les montagnes un oiseau dressé vaut jusqu'à cent roubles.

Les aigles royaux proviennent des montagnes de Karataw et d'Alataw situées à un millier de kilomètres plus loin; ils reviennent à cent et cent cinquante roubles par oiseau et même davantage, surtout les oiseaux des montagnes de Kazil-Ty et de Djoulek-Ty.

Pour les dresser, on commence par les épuiser en les privant de sommeil et de nourriture pour ensuite les habituer à prendre leur repas sur le poing de leur maître, et progressivement on les accoutume à voler en liberté et à revenir sans crainte sur le poing de leur dresseur. L'instinct de fondre sur la proie leur est naturel dès qu'ils voient une pièce de gibier.

On piège généralement les faucons que l'on veut dresser avec des filets qui glissent sur des anneaux et qu'on referme au moyen de cordeaux sur un pigeon placé au centre et qui sert d'appât. Les Kirghises de la province de Sémiretchensk attrapent les aigles royaux en se servant, comme appât, de choucas, petit corbeau, qu'ils dénichent au printemps et qu'ils conservent en captivité tout l'été. Dans les montagnes d'Aktaw et d'Oultaw, il tombe en hiver beaucoup de neige, ce qui permet de se livrer parfois presque sans interruption à la chasse avec les aigles royaux. Du 15 novembre au 20 février et vers le 1er décembre, la saison de chasse bat son plein.

La chasse au faucon et en particulier la prise du renard avec les aigles constitue le passe-temps favori des riches Kirghises; elle est l'occasion de déployer toutes les splendeurs de la vie des steppes incultes. Chaque départ pour la chasse est une sorte de solennité à laquelle accourt assister une foule de curieux qui s'empressent même de rendre sans rétribution toutes sortes de services aux chasseurs.

Ceux-ci se rassemblent à l'entrée du village, précédés par deux ou trois cavaliers richement montés et tenant sur le poing leurs oiseaux dressés. Les amateurs les entourent, se racontent

FAUCONNIER KIRGHISE PORTANT SON BIRKOUT.

avec animation leurs exploits cynégétiques et discutent les qualités de leurs oiseaux.

Ayant choisi un but, la cavalcade se met en route. En arrivant dans la montagne, les chasseurs s'écartent pour attendre le gibier que leur envoient les rabatteurs; avant même que leurs yeux n'aient pu l'apercevoir, l'aigle commence à manifester son impatience, car son œil perçant a déjà découvert le renard qui descend de la montagne; il baisse la tête et entr'ouvre les ailes, et le chasseur le lâche au moment où il se dispose à s'élancer.

L'oiseau fond alors sur sa proie et la lie de ses serres puissantes avant même qu'elle n'ait pu se douter de l'attaque, tandis que le chasseur rejoint au galop de son cheval pour s'en emparer, si toutefois, dans cette course échevelée, il ne lui est point arrivé malheur, car souvent, emportés par leur ardeur, cheval et cavalier roulent dans quelque précipice où ils se font de graves blessures quand ils n'y trouvent pas la mort.

CAMPEMENT DE KIRGHISES.

Après la chasse, les Kirghises se réunissent habituellement chez celui des camarades qui a été le plus heureux. Il y a, dans les montagnes d'Aktaw, plus de deux cent cinquante chasseurs qui pratiquent la fauconnerie, et ce genre de sport est pour eux un grand sujet de dépenses; dans ces courses folles, on peut estropier de quatre à six chevaux pendant sa saison. Il est vrai que l'on sale la viande de ces chevaux pour s'en nourrir pendant l'hiver, mais la perte est tout de même sensible, car ce sont les bêtes de valeur qu'il faut le plus souvent livrer ainsi à la consommation. Il n'y a donc guère que des Kirghises possédant des manades de quelques centaines de chevaux qui puissent se permettre le luxe coûteux de pareilles chasses qu'ils ne font pas dans un but de lucre, mais simplement par passion. Dans les steppes kirghises, il y a certainement des gens qui font de la chasse un commerce, mais ceux-là prennent les oiseaux au filet et au lacet, et leur procédé n'a rien de commun avec le noble sport que nous venons de décrire.

Au fur et à mesure que l'on s'éloigne des montagnes d'Aktaw, les chasses au faucon et au levrier deviennent de plus en plus rares et disparaissent complètement sur les frontières de l'empire chinois.

En Chine, où les Kirghises sont presque traités comme des esclaves, n'ayant pas le droit de posséder des terres et de les exploiter à leurs propres frais sous peine de mort, ceux qu'on rencontre sont dans un état voisin de la misère; ils ne voyagent que montés sur de maigres petits bœufs, leur ménage ne se compose que du strict nécessaire, et les pauvres diables sont loin de pouvoir évoquer, même en rêve, les superbes chasses des Kirghises dans la province d'Akmolinsk.

LES ANIMAUX HISTORIQUES

DISCOURS

PRONONCÉ A LA DISTRIBUTION DES PRIX D'ANDILLY (SEINE-ET-OISE)
LE 8 AOUT 1897

Mesdames, Messieurs, chers Enfants,

Le souverain d'un pays lointain ayant été un jour invité à venir visiter la France, qui n'était pas comme elle l'est aujourd'hui reliée à tous les pays du globe par des chemins de fer, des bateaux à vapeur et un réseau de fils télégraphiques, se décida à faire ce qui était alors un long et pénible voyage, et après qu'on lui eût fait admirer toutes les merveilles de notre capitale, quelqu'un s'avisa de lui demander ce qui le surprenait le plus dans la ville de Paris. « C'est, répondit l'illustre voyageur, c'est de m'y voir. »

Cette surprise est bien celle que j'éprouve moi-même aujourd'hui, non pas que je ne sois familiarisé de longue date avec tout ce qu'il y a de charmant et d'aimable sur ce pittoresque coteau d'Andilly et dans la délicieuse vallée qui l'entoure, mais je me doutais peu, lorsque je parcourais, enfant, ces sites agrestes, que je serais un jour appelé, par la bienveillance de votre Maire, à l'honneur de présider une fête aussi solennelle que celle qui nous réunit aujourd'hui.

Or, parmi les titres qui pouvaient me désigner au choix flatteur de M. Deschars, il n'en est aucun, croyez-le bien, qui me touche davantage que celui d'être de la famille, non pas seulement de la famille des habitants de l'hospitalière demeure de

Belmont, mais encore de la grande famille de ce département de Seine-et-Oise où ma vie s'est presque entièrement écoulée, et, c'est en applaudissant au succès des enfants et en partageant la joie des parents de cette petite patrie si brillamment enchassée dans la grande, qu'il m'est particulièrement doux de revendiquer une solidarité d'intérêts, de joies et de peines.

Aussi bien, si je voulais, à cette occasion, selon l'usage, chercher un sujet de panégyrique et de discours parmi les illustrations dont nous pouvons être fiers, je n'aurais pas à sortir de la localité pour y faire ample moisson d'hommes considérables dont je pourrais proposer la vie à vos méditations.

Je pourrais puiser au hasard dans l'illustre et antique famille des Montmorency, dont l'origine se perd dans la nuit des temps et qui a fourni à la France six connétables, douze maréchaux, quatre amiraux, puis des cardinaux, des grands officiers de la couronne, des dignitaires des ordres de chevalerie en quantité innombrable. Il en est un pourtant que j'hésiterais à vous proposer comme exemple, parce que vos maîtres pourraient m'en blâmer, c'est le second des cinq fils d'Anne de Montmorency à propos duquel Henri IV disait :

« Tout peut me réussir par le moyen d'un connétable qui ne sait pas lire, et d'un chancelier (Sillery) qui ne sait pas un mot de latin ! »

Je pourrais encore vous parler de votre voisin, le seigneur de Saint-Gratien, l'un des maréchaux favoris de Louis XIV, dont le duc de la Feuillàde, qui pourtant ne l'aimait pas, disait qu'il aurait pu être aussi bon ministre, aussi bon chancelier, qu'il était bon général. J'ai nommé Catinat.

Vos maîtres vous diront les batailles de ce héros modeste, d'une simplicité antique, dont tous les grades, lorsqu'il quitta le barreau pour les armes, après avoir perdu une cause dont la justesse lui paraissait évidente, furent marqués par quelqu'action d'éclat. Il se faisait adorer des soldats auxquels il prêchait d'exemple par les privations au milieu desquelles il conservait cette gaîté et cette bonhomie qui sont le propre du soldat français.

Il se faisait même aimer des peuples conquis, et un gazetier de Hollande écrivait de lui, avec raison : « La province de Juliers a eu le bonheur que les troupes françaises fussent commandées par M. de Catinat. Si c'eût été tout autre, le pays entier aurait brûlé. »

Hélas ! que n'avons-nous pu en dire autant dans des circonstances récentes !

Vos maîtres vous raconteront donc les victoires et les conquêtes après lesquelles le maréchal venait avec bonheur fuir l'éclat du triomphe et les honneurs de la cour dans sa terre de Saint-Gratien, comme le fait aujourd'hui celle que l'on appelle la bonne Princesse.

C'est là qu'un jour, se promenant dans ses champs, il rencontra un bourgeois de Paris qui, à la mise simple et modeste du guerrier, ne reconnut pas à qui il avait à faire. D'un ton assez arrogant le Parisien lui dit : « Bonhomme, je ne sais à qui sont ces champs et je n'ai pas la permission d'y chasser, mais je vais me la donner. »

Le Maréchal salua et ne dit rien. Des paysans qui avaient assisté à cette petite scène apprirent au jeune impertinent le nom du personnage qu'il venait d'interpeller d'une façon si cavalière. Tout confus, le jeune homme courut après le Maréchal et s'excusa de ce qu'il ne le connaissait pas. « Il n'est pas nécessaire, monsieur, dit le Maréchal, de connaître quelqu'un pour lui ôter poliment son chapeau. Oublions cela, et venez souper avec moi. »

Combien cette simplicité est plus charmante et de meilleur aloi que ce culte factice de la nature que mit à la mode le grand philosophe du XVIIIe siècle, dont l'ombre doit revenir souvent hanter les Ermitages du petit Mont-Louis et de la Chevrette, où il avait trouvé un asile contre les persécutions et les inimitiés que lui avaient attirées les défauts de son caractère et le dérèglement de ses passions, encore plus que la hardiesse de ses idées nouvelles. Mais parler de Jean-Jacques Rousseau autrement que pour évoquer le souvenir de son séjour dans cette vallée, serait vous entraîner dans des dissertations ardues, aujourd'hui épuisées. Vous n'en lirez pas moins, avec intérêt, quelques-unes des œuvres de Jean-Jacques, car elles ont puissamment marqué l'évolution de l'esprit humain au commencement du siècle. Sans famille, sans amis, sans patrie, errant de pays en pays, de condition en condition, opprimé par tout l'ensemble d'un monde où il n'était pour rien, comme a dit M. de Barante, Rousseau conçut un esprit de révolte, un orgueil intérieur qui l'exaltèrent jusqu'au délire et l'on peut dire de ses ouvrages, comme de certains beaux fruits, qu'ils sont les produits anormaux et monstrueux d'un arbre malade.

Enfin, comment ne pas parler ici de cette nombreuse famille des Arnauld, dont Andilly peut aussi tirer gloire, car l'un d'eux, pour se distinguer dans une famille qui ne comptait pas moins de vingt-deux enfants, ajouta à son nom patronymique, celui de cette localité.

Si vous poursuivez, enfants, vos études littéraires, vous aurez à faire un jour plus ample connaissance avec cette tribu de jurisconsultes, de théologiens, de magistrats, qui ont tenu une si grande place dans l'histoire du XVIIe siècle ; mais vous trouveriez, sans doute, peu récréatif que je vous retinsse longtemps aujourd'hui sur les subtiles querelles des jansénistes et des jésuites et sur les *Confessions de saint Augustin*.

Ce que je veux vous dire, c'est que les hommes illustres qui ont tant contribué au bon renom de votre pays en particulier et de la France en général, ne sont pas les produits spontanés d'un sol, où même les richesses maraîchères ne poussent pas sans beaucoup de soins. Il a fallu de longues années d'étude et de travail, dont les générations successives se sont transmis de main en main les résultats, pour que l'esprit humain parvînt à ces sommets.

Et c'est en oubliant, sans doute, leur point de départ et sous l'influence du vertige que donne l'ascension des montagnes, que certains philosophes du XVIIIe siècle, comme Locke, ont prétendu que *tout vient par les sensations, et que les sens sont les moteurs invariables de l'humanité*.

Ces sensations et ces sens, nous ne sommes pas seuls à en avoir été doués. Le besoin de boire et de manger, la crainte de la douleur, la recherche du plaisir, sont des phénomènes que l'on constate aussi bien chez les animaux, et, en ma qualité de naturaliste, je me permettrai de vous rappeler que s'il y a eu des hommes célèbres, il y a eu des animaux célèbres aussi, et que j'appellerai les animaux historiques.

Vous connaissez l'histoire du lion d'Androclès, qui, à l'époque où l'on livrait les chrétiens aux bêtes, — c'était dans le cirque romain que cela se passait et il y a longtemps de cela, je n'ai pas besoin de vous le dire, — reconnut un esclave qui lui avait ôté une épine du pied, et au lieu de le dévorer, il lui prodigua les marques de la plus tendre reconnaissance.

Don Juan, roi de Castille, reçut en 1434, les ambassadeurs de France ayant à côté de lui, sur son trône, un lion apprivoisé.

Néron avait une tigresse parfaitement dressée, qu'il faisait entrer à l'improviste dans la salle des fêtes, pour s'amuser de l'effroi de ses convives, comme nous le dirions vulgairement aujourd'hui, pour se payer leur tête.

Lorsqu'Alexandre vainquit Porus, le roi indien, il emmena en captivité un éléphant que montait ce prince ; il lui donna le nom d'Ajax, en souvenir de sa belle conduite dans la bataille et le consacra au soleil.

Vous savez l'amitié du même Alexandre pour son cheval Bucéphale, qui paraissait indomptable ; il parvint à le maîtriser en lui tournant la tête du côté du soleil pour lui cacher son ombre qui lui faisait peur.

Et l'empereur Caligula ayant reçu en cadeau de Cinobellinus, roi des Bretons, un magnifique cheval anglais, le fit orner de perles et de pourpre, le nomma citoyen romain sous le nom d'Incitatus et l'éleva même à la dignité de pontife dans un banquet où l'Empereur romain avait, j'imagine, bu un peu plus que de raison.

On vit sous Louis XIII le célèbre écuyer Pluvinel, dresser des chevaux à danser un ballet comme à l'Opéra, et lorsque Turenne fut tué à Saltzbach, ses soldats s'écrièrent : « Qu'on mette la Pie à notre tête et nous la suivrons partout où elle ira! » Or la Pie était la jument populaire que montait le héros, et certes, elle devait mieux que tout autre connaître le chemin de la victoire.

Le grand ministre Colbert et le cardinal de Richelieu avaient un certain nombre de chats qui ne les quittaient jamais et avec lesquels ils vivaient dans une intimité parfaite.

Hoffmann, le conteur fantastique, ne survécut pas à la mort de son chat Murr.

Le chien de Montargis, ainsi nommé parce que son portrait ornait la grande salle du château de ce nom, reconnut et étrangla le meurtrier de son maître Aubry de Mondidier; les remparts de Saint-Malo ont été longtemps confiés à une garde nationale de chiens dont la vigilance est restée célèbre; et le roi Henri II portait continuellement à son cou, suspendu comme un éventaire, un panier qui contenait les petits chiens qu'il affectionnait.

Animaux historiques aussi les Oies du Capitole qui trahirent l'approche des Gaulois et les Pigeons du siège de Paris qui, franchissant le cercle de fer dont nous étions entourés, nous ont si souvent rapporté des nouvelles de nos chers absents!

Eh bien! Messieurs, voilà certes des animaux qui ont été à bonne école, qui ont *vu du monde*, comme on dit, et qui ont eu de nobles exemples sous les yeux.

Or à ce commerce qu'ont-ils appris, qu'ont-ils gagné? Rien, on peut le dire en toute sécurité, parce que leur semblant d'instruction a cessé avec chaque individu. Ce qu'ils étaient au commencement du monde, les animaux le sont encore aujourd'hui, tandis que l'homme né sans défense, sans armes, sans abri, s'est transmis de génération en génération le flambeau des générations précédentes, et cela grâce à un idéal inné chez lui dont il a poursuivi la recherche comme on cherche à retrouver un rêve estompé par le temps.

Ne craignez pas de le mettre trop haut, trop élevé cet idéal; qu'il soit comme *le phare* qui vous guide et non comme *la bougie* qui éclaire aussi, mais qui se consume et qui finit par vous brûler les doigts à mesure qu'elle se rapproche de votre main.

Cette bougie a été l'idéal des philosophes du XVIIIe siècle parce qu'ils ont méconnu l'essence spiritualiste et divine de l'humanité, parce qu'ils ont rejeté les idées religieuses qui sont le trait d'union le plus naturel et le plus simple entre la bestialité de notre enveloppe terrestre et cette perfection à laquelle nous aspirons et qui est insaisissable avec l'insuffisance de nos moyens. Et tant que vous ne perdrez pas de vue ce phare intangible qui est Dieu, vous serez armés pour lutter contre les écueils de la vie et contre les naufrages.

Ne vous hâtez jamais surtout de conclure et ne vous déclarez pas satisfaits d'un *à peu près*, sous peine de vous rendre insupportables à vous-mêmes et à vos concitoyens.

Ah ! l'instruction boiteuse, la science incomplète sur laquelle on base des théories et des systèmes qui ont la prétention d'être définitifs ! Voilà ce qui retarde la marche de l'humanité vers le progrès ! Voilà la bougie qui nous brûle les doigts !

Il y avait à la porte de la maison de campagne que j'habite un employé d'octroi qui avait élevé un merle et il s'était efforcé de lui donner une éducation brillante qui consistait à siffler l'air populaire que vous connaissez tous :

« *J'ai du bon tabac dans ma tabatière.* »

L'éducation marchait assez bien, et l'élève faisait des progrès sensibles, lorsqu'un beau jour, la porte de la cage resta ouverte, le merle s'échappa et vint se réfugier dans les arbres de mon jardin. Là, du matin au soir, le malheureux s'évertuait à répéter les premières notes de sa leçon :

« *J'ai du bon tabac dans ma ta.....*

sans jamais pouvoir aller plus loin, et en terminant encore sur une note fausse. Ce fut à partir de ce moment une persécution dont rien ne pourrait vous donner l'idée. Je ne pouvais pas ouvrir ma fenêtre le matin sans entendre :

« *J'ai du bon tabac dans ma ta.....*

je ne pouvais pas m'enfoncer dans un bosquet sans que

« *J'ai du bon tabac dans ma ta.....*

ne vînt me rompre les oreilles. C'était à en devenir fou, et je crois que j'aurais fini par prendre un fusil et par commettre un crime, si un chat ne m'eût un beau soir débarrassé de cet insupportable musicien et de ce faux savant.

APPENDICE

LA FAUCONNERIE

A L'EXPOSITION UNIVERSELLE DE PARIS

EN 1900

Les organisateurs de l'Exposition de 1900 avaient embrassé tant de choses, qu'il n'est pas étonnant que quelques-unes aient échappé à leur étreinte. Au nombre des lacunes qui nous ont paru regrettables — naturellement — il faut compter la fauconnerie qui ne figura dans cette réunion de spécimens de toutes les industries et de tous les arts, que par quelques objets de vitrine dans une des sections rétrospectives et par quelques tableaux dont on orna les panneaux du Musée rétrospectif des Armes de Chasse.

Mais c'était dans la section des Sports auxquels le parc de Vincennes avait été spécialement affecté, que la Fauconnerie avait compté briller. Malheureusement, ce noble déduit était devenu si complètement étranger à la plupart de nos contemporains que devant les conditions qui nous furent imposées par la Commission Supérieure, nous dûmes battre en retraite et abandonner l'exécution du programme que nous avions soigneusement élaboré pendant deux ans, avec MM. le Dr Arbel, Belvallette et Foye, sous l'active et infatigable présidence de M. Fauré Le Page, dans la section de Tir dont nous faisions partie.

A l'une des séances du Comité, le 15 novembre 1899, M. Belvallette, rapporteur du Sous-Comité de la Fauconnerie, avait donné lecture du rapport suivant qui résumait nos espérances :

RAPPORT DE LA SOUS COMMISSION DE FAUCONNERIE.

1° L'emplacement demandé par nous serait soit le champ de courses, soit le champ de manœuvres de Vincennes, dont nous réclamerions la libre disposition trois fois par semaine, l'après-midi, avec un terrain de 1,000 à 2,000 mètres de superficie dans l'enceinte de l'Exposition, pour l'installation de nos oiseaux et de tout ce qui constitue une fauconnerie classique;

2° La durée de nos opérations serait de quatre mois, courant du 1er juin au 30 septembre;

3° La direction de nos travaux et de nos séances sportives serait surveillée par nous en ce qui concerne la partie technique, et par les soins de l'administration en ce qui touche les recettes et leur contrôle;

4° Notre programme se diviserait en deux parties : la première partie, dont nous avons les éléments presque assurés, se composerait de : vols au leurre par des faucons; vols de lapins sauvages par des autours; exercices de dressage; manœuvre des pièges; pêche au cormoran; conférences.

Notre second programme comprendrait l'exhibition d'équipages étrangers, anglais, algériens, russes, persans, indiens ou japonais, et des concours de fauconniers.

Premier Programme.

Dépenses.

Installation d'une fauconnerie avec logement, garenne artificielle, bassin de pêche, hutte hollandaise servant à la prise des faucons	7.500 fr.
Achats d'instruments, perches, blocs, gants, leurres, fauconnières, jets, longes, tourets, etc.	500
Achat d'oiseaux : pèlerins, autours, sacres, gerfauts, aigles-bonelli, émérillons, hobereaux, cormorans	2.500
Nourriture desdits, boucherie, pigeons, lapins et poissons	1.509
Deux fauconniers pendant cinq mois et voyage	5.000
Un gardien donnant explications : quatre mois à 250 francs	1.000
Habillement desdits	500
Imprévus	1.500
Total	20.000 fr.

Recettes.

Vols de lapins dans la garenne artificielle et vols au leurre au champ de manœuvres; concours de fauconniers; cinquante-quatre vols à quatre cents spectateurs par séance	21.600 fr.
Pêche au cormoran; exercices de dressage; manœuvre des pièges; explications, démonstration et conférences; visite à l'installation; cent-vingt jours à cinquante visiteurs par jour, soit	6.000
Total	27.600 fr.

Résumé.

Recettes	27 600 francs.
Dépenses	20.000 —

Deuxième Programme.

Pour donner un attrait original à nos fêtes, nous avons pensé qu'il serait bon de faire venir quelques fauconniers étrangers qui, par leur science de l'art qui nous occupe, par la rareté de leurs oiseaux, par l'originalité de leurs costumes, seraient, à n'en pas douter, un élément de recettes considérable.

Les précédents existent : Un célèbre fauconnier anglais, John Barr, chargé du dressage des oiseaux du Club français de Fauconnerie de Champagne, dont faisait partie notre collègue, M. Pierre-Amédée Pichot, donnait, en 1875, au Jardin d'Acclimatation, des séances de vol au leurre qui passionnaient le public et augmentaient sensiblement les recettes du Jardin.

Plus tard, en 1886, je faisais moi-même venir d'Irlande un fauconnier, Edward Duryer, pour donner au Champ de Mars, à l'occasion des fêtes organisées par le Canis-Club, quelques séances de fauconnerie, concurremment avec le caïd Ben Lakdar, venu de la province d'Alger avec ses sacres et ses laniers.

Quelques jours après, une nouvelle séance de fauconnerie, présidée par M. de Lesseps, avait lieu sur le champ de manœuvres de Saint-Germain, et, à chacune de ces exhibitions la foule accourut en masse.

Aussi, pour 1900, pouvons-nous prévoir les mêmes succès et prédire une affluence énorme à nos vols de faucons.

Nous avons donc songé à faire venir, en échelonnant leur séjour en France, des fauconniers anglais, arabes, russes, indiens et japonais, chacun d'eux se servant d'oiseaux d'espèces assez différentes. Mais pour arriver à ce résultat, il nous faudrait une somme qu'il nous est matériellement impossible de fixer dès à présent. Nous ne pouvons donc que demander au Comité l'ouverture d'un crédit que nous évaluons à 20,000 francs.

Comme toutes nos dépenses seraient justifiées, qu'il s'agisse du premier Programme ou du second, nous estimons que le Comité, nous laissant les coudées franches jusqu'à concurrence du crédit demandé, ne s'engagerait jamais bien loin, car les recettes que nous provoquerions seraient toujours en rapport avec les dépenses que nous aurions faites pour rendre nos spectacles plus nouveaux et plus attrayants.

Résumé.

En résumé, la Sous-Commission de Fauconnerie demande :

1° Un emplacement dans l'enceinte de l'Exposition de Vincennes de 1,000 à 2,000 mètres de superficie pour son installation et la libre disposition du champ de manœuvres ou du champ de courses trois fois par semaine, l'après-midi ;

2° Fixe la durée de ses opérations à quatre mois, du 1er juin au 30 septembre ;

3° Se charge de son installation et de la direction de ses opérations, sauf en ce qui concerne les recettes et leur contrôle ;

4° Demande une allocation de :

Dépenses.		*Recettes.*
—		—
20.000 francs,	qui, dans sa pensée, rapporteraient.	26.700 francs,
	et demande en plus un crédit de	
20.000 —	qui produiraient vraisemblablement un chiffre de recettes de.	40.000 —
40.000 francs.		66.700 francs.

Monsieur le Président met aux voix le projet tel qu'il a été exposé; lequel est adopté à l'unanimité.

Etaient présents à cette réunion : MM. Belvalette, capitaine Chauchat, capitaine Chastang, Decourcelle, Desnoyers, comte d'Elva, Fay, Maurice Faure, Fauré Lepage, Gautreau, Jay, capitaine de Leusse, Lemaire, Lermusiaux, G. Lefèvre, Manoury, Moncel, P. Moreau, Roger Nivière, Pichot, commandant Taffi, commandant Waldemar.

M. Mérillon, délégué général, assistait à la séance.

C'est dans ces conditions que nous continuâmes à poursuivre l'exécution de notre programme.

Pendant un voyage qu'il fit vers cette époque en Algérie, le Dr Arbel avait obtenu l'adhésion d'un des chefs de Grande Tente du Sahara, Ben Ganah, Agha des Zibans, dont le burnous blanc est aussi connu au Cercle militaire de Paris que sous les palmiers des Oasis de Biskra et ce grand seigneur oriental avait promis à notre collègue d'envoyer à Vincennes des cavaliers de son goum avec leurs oiseaux ; nous étions assurés, d'autre part, de la présence des fauconniers d'un rajah des Indes avec un vol de faucons ; nous étions en négociations pour faire venir des pêcheurs aux cormorans de Chine et des fauconniers du Japon. Des Kirghises avec leurs birkoutes (aigles dressés à voler le renard et l'antilope Saïga dans les steppes) seraient venus installer leurs tentes en peaux de bêtes sur les bords du lac Daumesnil, enfin plusieurs de nos confrères anglais nous avaient promis leur concours et mis leurs fauconniers et leurs oiseaux à notre disposition. La subvention qui nous avait été généreusement allouée par la Commission eût été largement suffisante pour parer à toutes ces dépenses.

Malheureusement, au dernier moment, nous nous heurtâmes à la routine officielle des concours et l'on voulut nous imposer de faire voler les oiseaux à jour et à heure fixes pour satisfaire aux exigences d'un public payant, tandis que nous prétendions par l'entrée dans l'enceinte réservée où auraient été installés tous ces campements pittoresques, par les exercices du leurre comme naguère au Jardin d'Acclimatation, par les pêches au cormoran dans le lac Daumesnil comme dans les bassins de l'Exposition de Kensington, par des démonstrations pratiques et des conférences avec projections, piquer suffisamment la curiosité des visiteurs pour assurer la rentrée des débours de la Commission. Quant aux vols sur le gibier sauvage et la proie d'escape, nous entendions les faire aux jours et aux endroits favorables, comme cela a eu lieu à Spa en 1899, et devant un public restreint d'amateurs capables de comprendre les difficultés de l'entreprise et qui n'auraient point gêné le travail des fauconniers et de leurs élèves. Certains membres de la Commission, peu au courant des choses de la chasse, ne nous avaient-ils pas demandé de faire passer les vols sur la piste du champ de courses de Vincennes et devant les tribunes, comme s'il s'était agi de faire défiler des automobiles ou des figurants de cirque ! C'était nous exposer à nous faire jeter à la tête toutes les baraques du Pari-Mutuel. Des considérations d'un ordre général n'ayant pas permis à la Commission Supérieure de l'Exposition d'adopter notre manière de voir, nous fûmes obligés de renoncer au mandat qui nous avait été confié et le service des Sports raya purement et simplement les concours de fauconnerie du programme qui était déjà imprimé[1].

L'Exposition de Fauconnerie eût été pourtant un sérieux élément de recettes pour l'annexe de l'Exposition à Vincennes si lamentablement abandonnée par le public, sauf pendant l'admirable Exposition hippique qui y attira tant de monde pendant une courte période d'une quinzaine de jours, et le vieil art de la volerie ne fut représenté à l'Exposition Universelle de 1900 que dans le Musée rétrospectif de la Classe 51, où la place nous fut encore si parcimonieusement ménagée que les visiteurs du pavillon des Eaux et Forêts n'ont pu avoir qu'une faible idée de tout ce que nous aurions pu leur faire voir.

Le catalogue de cette petite Exposition mérite pourtant d'être conservé et nous l'empruntons au *Rapport du Comité d'installation de la Classe 51*, où il figure dans une élégante brochure illustrée consacrée à l'Exposition centennale et rétrospective des Armes de chasse.

1. Rapports des concours internationaux d'exercices physiques et de sports publiés sous la direction de M. Mérillon. T. I, p. 26.

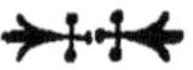

CATALOGUE

DE L'EXPOSITION CENTENNALE ET RÉTROSPECTIVE DE LA FAUCONNERIE

A L'EXPOSITION UNIVERSELLE DE 1900

CHAPERONS DE FAUCONS

Chaperons de faucons de divers pays :
France. — Hollande. — Angleterre. — Tunisie. — Algérie. — Circassie. — Indes. 15 pièces.

(*Exposant : Le Jardin d'Acclimatation.*)

Chaperon dit « de rust » sans ornements, pour le dressage.

(*Exposant : Le Jardin d'Acclimatation.*)

Chaperon d'apparat orné de pyrogravures et de broderies. Ouvrage d'art de Mme C. Du Locle.

(*Exposant : M. Pierre-Amédée Pichot.*)

Chaperon d'aigle employé dans le Turkestan. Spécimen rapporté par MM. Benoît-Maichin et de Mailly-Nesles avec l'aigle Birkout qui a appartenu, jusqu'à sa mort, à l'équipage de M. Paul Gervais.

(*Exposant : Le Jardin d'Acclimatation.*)

Chaperon de Guépard de l'Inde. Ce félin dressé pour la chasse est chaperonné comme un faucon.

(*Exposant : Le Jardin d'Acclimatation.*)

Gabarit-patron du capitaine Salvin pour la fabrication des chaperons en une seule pièce.

(*Exposant : Le Jardin d'Acclimatation.*)

Bloc de bois dur pour le martelage des chaperons.

(*Exposant : Le Jardin d'Acclimatation.*)

GANTS DE FAUCONNIERS

Gants de fauconniers de diverses provenances :
France. — Angleterre. — Algérie. — Tunisie. — Japon. — Turkestan. 12 pièces.

(*Exposant : Le Jardin d'Acclimatation.*)

Gants des Tartares pour porter l'aigle et gibecière de même provenance. Rapportés par MM. Benoît-Maichin et de Mailly. 2 pièces.

(*Exposant : Le Jardin d'Acclimatation.*)

INSTRUMENTS DE RAPPEL — PIÈG

Leurre hollandais employé en Europe.
(*Exposant : M. Pierre-Amédée Pichot.*)

Derbouka. Tambour en cuivre ciselé employé à Boukara pour rappeler l'aigle dans la montagne. Don de l'Emir de Boukara au marquis de Montebello, ambassadeur de France à Saint-Pétersbourg.
(*Exposant : M. Pierre-Amédée Pichot.*)

Balle de plumes armée de collets de crin pour prendre les faucons sauvages (Inde).
(*Exposant : M. Pierre-Amédée Pichot.*)

Brassière de pigeon armée de collets de crin pour prendre les faucons sauvages (Algérie).
(*Exposant : M. Pierre-Amédée Pichot.*)

Filets en panneaux de soie pour prendre les faucons sauvages (France), 2 pièces.
(*Exposant : M. Pierre Amédée Pichot.*)

JETS ET LONGES

Jets et longes de diverses provenances en cuir (Europe, Afrique), et en soie tressée (Japon). 10 pièces.
(*Exposant : Le Jardin d'Acclimatation.*)

Jets en coton tressé employés dans le Turkestan. Envoi de l'Emir de Boukara à M. de Montebello.
(*Exposant : M. Pierre-Amédée Pichot.*)

Colliers à faucon à amulettes de l'Inde et du Turkestan.
(*Exposant : M. Pierre-Amédée Pichot.*)

PERCHOIRS

Perchoir-bloc revêtu de velours rouge. Envoi de l'Emir de Boukara au marquis de Montebello.
(*Exposant : M. Pierre-Amédée Pichot.*)

Perchoir-bloc servant de canne, du capitaine Salvin.
(*Exposant : M. Pierre-Amédée Pichot.*)

Perchoir-bloc en arc, pour autour, du capitaine Salvin.
(*Exposant : M. Pierre-Amédée Pichot.*)

ACCESSOIRES DIVERS

Aiguilles à enter pour raccommoder les plumes cassées. Plusieurs grosseurs et tableau démonstratif du procédé.
(*Exposant : Le Jardin d'Acclimatation.*)

Pelottes de filières en soie pour tenir les faucons au Japon.
(*Exposant : Le Jardin d'Acclimatation.*

Grelots européens et indiens.
(*Exposant : Le Jardin d'Acclimatation.*)

Boucle de ceinturon de fauconnier en argent plaqué, du XVIIIe siècle. (Grande Fauconnerie.)

(*Exposant : M. Pierre-Amédée Pichot.*)

Boucle de ceinturon de l'équipage de Champagne, 1866. Bouton du même équipage. 2 pièces.

(*Exposant : M. Pierre-Amédée Pichot.*)

Boucle de ceinturon de l'équipage de M. P. Gervais.

(*Exposant : Le Jardin d'Acclimatation.*)

Gibecière de fauconnier de l'équipage du Loo (Pays-Bas).

(*Exposant : Le Jardin d'Acclimatation.*)

Sifflets qu'on met aux pigeons en Chine pour effrayer les oiseaux de proie. Envoi de M. Bourée, ministre de France à Pékin. 20 pièces de différents modèles.

(*Exposant : Le Jardin d'Acclimatation.*)

TABLEAUX — GRAVURES — PHOTOGRAPHIES

WEYERMANN. — Une Chasse au faucon au XVIIe siècle. Huile, h. $0^m,75$; l. $1^m,00$. Tableau en mauvais état, avec des détails incorrects au point de vue de la chasse, retrouvé en Italie, et d'après lequel a été faite une très bonne gravure de Thélot, de l'École d'Augsbourg, connue sous le nom de : « Die Reiger Beize — Ardearum Venatio ».

(*Exposant : M. Alfred Conte.*)

CARINA. — Un page portant un épervier. Huile sur panneau de bois, h. $0^m,43$; l. $0^m,32$.

(*Exposant : M. Alfred Conte.*)

École française (VAN BOUCLE ?). — Portrait de Cyprien Perrot, marquis de Fercourt-Créquy, en costume héroïque du temps de Louis XIV, avec ses chiens (petits épagneuls blanc et orange et braque à courte queue du Bourbonnais) et son vol (faucons pèlerins). Huile, h. $1^m,80$; l. $2^m,20$.

(*Exposant : M. le Comte du Passage.*)

MÉRITE. — Un nid d'autours. Huile.

(*Exposant : M. Ed. Mérite.*)

MÉRITE. — Un nid d'autours. Huile.

(*Exposant : Le Dr Arbel.*)

MÉRITE. — Une aire de faucons pèlerins dans la falaise de Dieppe. Huile.

(*Exposant : M. Ed. Mérite.*)

MÉRITE. — Un vol de pèlerin. Huile.

(*Exposant : M. Ed. Mérite.*)

MÉRITE. — Pèlerin volant un vanneau. Huile.

(*Exposant : M. Ed. Mérite.*)

MÉRITE. — Vautours attaquant un chevreau dans les Pyrénées. Huile.

(*Exposant : M. Ed. Mérite.*)

INCONNU. — Petit tableau sur cuivre représentant Gabrielle d'Estrées et Henri IV chassant au faucon sur les marais de Boves (Somme).

(*Exposant : M. Guillaume d'Augy.*)

École anglaise. Lewis. — Portrait d'un des Gerfauts du duc de Leeds. Huile, h. o^{m},65 ; l. o^{m},5o.

(*Exposant : M. Pierre-Amédée Pichot.*)

École anglaise. Lewis. — Portrait d'un des Gerfauts du duc de Leeds. Huile, h. o^{m},65 ; l. o^{m},5o.

(*Exposant : M. Pierre-Amédée Pichot.*)

Jadin. — Portrait d'un des faucons pèlerins de l'équipage de *Champagne* en plumage sors. Huile, h. o^{m},70 ; l. o^{m},5o.

(*Exposant : M. Pierre-Amédée Pichot.*)

Baron Dunoyer de Noirmont. — Un officier de la Grande Fauconnerie (Louis XV) d'après les figurines découpées de Lesueur appartenant à M. Bidault de Lisle. Aquarelle.

(*Exposant : M. Pierre-Amédée Pichot.*)

Arcos. — Un fauconnier de l'équipage de *Champagne* en uniforme. Aquarelle.

(*Exposant : M. Pierre-Amédée Pichot.*)

V. Bouton. — Armoiries de fauconniers. Aquarelle.

(*Exposant : Le Jardin d'Acclimatation.*)

Aquarelle de modes. — Les uniformes de l'équipage de fauconnerie de *Champagne* composés pour le comte Werlé, président de l'équipage, par la Maison Blay-Laffitte.

(*Exposant : Maison Blay-Laffitte. Buisson, succ*[r]*.*)

Gaston d'Orléans, frère de Louis XIII. Gravure de David.

(*Exposants : Les frères Geoffroy.*)

Le colonel Thornton avec son fameux faucon « Sans-Quartier », d'après la reproduction du portrait appartenant à lord Roseberry, qui sert de frontispice au Voyage en France du colonel en 1802.

(*Exposant : Le Comte de Puyfontaine.*)

Portrait du colonel Thornton avec son fusil à douze canons. Gravure de Reinagle.

(*Exposant : Le Comte de Puyfontaine.*)

Fauconniers arabes sous la tente.

(*Exposant : Le Comte de Puyfontaine.*)

Portrait de Northcote, le frère du peintre, membre de l'Académie royale, en fauconnier. Inspiration prise dans un portrait d'un roi de Chypre par le Titien.

(*Exposant : Le Comte de Puyfontaine.*)

Portrait de M. A. de la Rue, inspecteur des forêts de la Couronne sous l'Empire, avec un gerfaut. Peinture de Bakalowitz.

(*Exposant : Le Jardin d'Acclimatation.*)

Equipage de M. Paul Gervais à Rosoy (Oise).

(*Exposant : M. Pierre-Amédée Pichot.*)

Equipage du Dr Arbel, à Vadancourt (Aisne).

(*Exposant : M. le D*[r] *Arbel.*)

Équipage du *Loo* et portrait de la reine Sophie.

(*Exposant : Le Comte de Puyfontaine.*)

GALERIE DE FAUCONNERIE A L'EXPOSITION DE 1900.

Equipage de M. E. Barrachin à Beauchamps.

(*Exposant : M. Pierre-Amédée Pichot.*)

Equipage de M. A. Belvallette à Berck-sur-Mer.

(*Exposant : Le Comte de Puyfontaine.*)

Les fauconniers de l'équipage de *Champagne*, parmi lesquels le célèbre fauconnier écossais John Barr.

(*Exposant : Le Comte de Puyfontaine.*)

L'équipage pour la pêche au cormoran, de M. Alfred BELVALLETTE.

(*Exposant : M. Alfred Belvallette.*)

Le comte de Najac présentant un cormoran dressé à une des soirées d'amateurs du cirque Molier.

(*Exposant : Le Comte de Puyfontaine.*)

MONNAIES

offrant des représentations de chasse au vol.

Jeton du maréchal de Tessé, 1715. (Au revers, faucons sur une cage.) Argent.

Jeton de la marine du comte de Toulouse, 1727. (Au revers, faucons sur une cage.) Argent.

Jeton des galères sous Louis XV, 1747. L'effigie du roi et, au revers, un faucon chaperonné sur un perchoir avec la devise : *Impatiens pugnæ*. Argent.

Florin de Brandebourg provenant de la collection du baron Pichon. Scène de chasse au vol avec cavaliers ; au revers, un faucon chaperonné à terre avec la devise : *Elatus tendet in Altum*. Or.

Thaler de Charles-Guillaume-Frédéric, margrave de Brandebourg et d'Anspach. (Au revers, faucon chaperonné à terre comme sur le florin d'or.) Argent.

(*Exposant : M. Pierre-Amédée Pichot.*)

OUVRAGES FRANÇAIS

publiés pendant le siècle sur la fauconnerie.

Traité de Fauconnerie, par le professeur Schlegel et Verster de Wulverhorst, publié en mémoire de l'équipage du *Loo*. A Leide et Dusseldorf, Arnz et Cie, 1844-53.

La Fauconnerie ancienne et moderne, par J.-C. Chenu et Desmurs. Paris, Hachette, 1862.

La Fauconnerie en Angleterre et en France à notre époque, par Pierre-Amédée Pichot. Paris, Revue Britannique, 1865.

La Pêche au cormoran, par le comte Le Couteulx de Canteleu. Paris, Revue Britannique, 1870.

+ *Les Oiseaux de sport,* par Pierre-Amédée Pichot. Paris, Jardin d'Acclimatation, 1875.

La Fauconnerie au moyen âge et dans les temps modernes, par L. Magaud d'Aubusson. Paris, Ghio, 1879.

La Chasse au vol avec les petites espèces, par G. Sourbets. Niort, Faure, 1885.

Manuel pratique de fauconnerie au XIXe siècle, par G. Foye. Paris, Pairault, 1886.

Traité d'Autourserie, par Alfred Belvallette. Paris, Pairault, 1887.

De la basse volerie et du dressage pratique de l'autour et de l'épervier, par C. Cerfon. Vincennes, 1887.

Précis de fauconnerie, suivi de l'éducation du Cormoran, par G. Sourbets et C. de Saint-Marc. Niort, Clouzot, 1887.

Catalogue de l'Exposition de fauconnerie à l'Exposition universelle de 1889 et *Conférence* de M. Pierre-Amédée Pichot. Paris, Cerf, 1890.

Légalité de la chasse au vol, par Gaston de Saint-Marc. *Revue Britannique,* Paris, 1899.

La Chasse moderne, encyclopédie du chasseur. Larousse, Paris, 1900.

(*Exposant : M. Pierre-Amédée Pichot.*)

GROUPES NATURALISÉS

Un cadre dit « cage » pour porter les faucons à la chasse, garni des différentes espèces d'oiseaux de proie utilisés pour la chasse au vol.

(*Exposant : Le Jardin d'Acclimatation.*)

Un faucon pèlerin « liant » un faisan, monté par Berjonneau, naturaliste-préparateur à Poitiers.

(*Exposant : M. Charles Chiquet.*)

Un autour « liant » un lièvre, monté par Berjonneau, naturaliste-préparateur à Poitiers.

(*Exposant : M. Charles Chiquet.*)

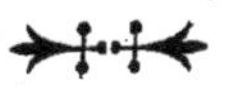

TABLE DES MATIÈRES

BIBLIOTHÈQUE NATIONALE
RF
IMPRIMÉS

TABLE DES GRAVURES

Reproductions en similigravure par la maison Ducourtioux et Huillard des photographies du Dr Arbel, du comte de Puyfontaine, de M. Barrachin, etc.

VERSAILLES

IMPRIMERIES CERF

59, RUE DUPLESSIS

www.ingramcontent.com/pod-product-compliance
Ingram Content Group UK Ltd.
Pitfield, Milton Keynes, MK11 3LW, UK
UKHW020213250726
13967UKWH00003B/1446

9 782012 898202